W0058049

Eckart Pott | Jean C. Roché

# Wer singt denn da?

## Vogelstimmen erkennen leicht gemacht

**Weltbild**

# Impressum

Mit 72 Farbfotos von M. Danegger (S. 9/1, 13/2, 20/2, 30/1), J. Diedrich (S. 35/1), H. Fürst (S. 11/1, 14/2, 17), A. Klees (S. 21), A. Limbrunner (S. 3, 9/2, 10/1, 12/2, 18/2, 23 o, 30/3, 39/3), E. Pott (S. 4, 6/1, 7, 13/1, 15/2, 19, 23 u, 24, 25, 26, 30/4, 31/1, 32/2, 33/1, 33/2, 34, 35/2, 36/1, 36/2, 36/3, 37/1, 38/1, 38/2, 39/2, 40/2, 41, 42/1, 42/2, 43/1, 43/2, 44), R. Schmidt (S. 12/1, 16, 30/2), E. Thielscher (S. 6/2, 15/1), B. Volmer (S. 8, 39/1), K. Wothe (S. 18/1, 20/1, 22 u, 27/1, 27/2, 27/3, 31/2), P. Zeininger (S. 10/2, 11/2, 14/1, 22 o, 29/1, 29/2, 29/3, 32/1, 37/2, 40/1) und einer Grafik von H.-H. Bergmann und H.-W. Helb (S. 17).

Wann immer Szenen in Kriminalfilmen bei Dunkelheit und wallendem Nebel spielen, liefert die Stimme des Waldkauzes den akustischen Hintergrund. Die robuste Eule ist in Mitteleuropa noch einigermaßen häufig.

Genehmigte Lizenzausgabe für Verlagsgruppe Weltbild GmbH, Steinerne Furt, 86167 Augsburg
Copyright © 2003 Franckh-Kosmos Verlags-GmbH & Co., Stuttgart

Lektorat: Carsten Schröder, Rainer Gerstle
Grundlayout: eStudio Calamar
Umschlaggestaltung: Atelier Seidel, Teising
Umschlagmotive: mauritius images / Kerstin Layer (vorne)
Gesamtherstellung: Firmengruppe APPL, aprinta druck, Wemding
Printed in the EU

ISBN 978-3-8289-3443-6

2009    2008
Die letzte Jahreszahl gibt die aktuelle Lizenzausgabe an.

Alle Rechte vorbehalten.

Einkaufen im Internet: *www.weltbild.de*

Dieses Medium ist Eigentum der Gemeindebücherei Marzling.
MARZLINGER NETZWERK e.V.

*Der Nachtigall reizende Lieder*
*Ertönen und locken schon wieder*
*Die fröhlichsten Stunden ins Jahr.*
*Nun singet die steigende Lerche,*
*Nun klappern die reisenden Störche,*
*Nun schwatzet der gaukelnde Star.*

*(aus: Friedrich von Hagedorn – Der Mai)*

## Zu Buch und CD

In der Skala der Beliebtheit von Tieren rangieren die Vögel für uns Menschen weit oben. Die Vögel stehen uns so nahe, weil sie aktive und teilweise schön gefärbte oder sogar apart gezeichnete Tiere sind, aber auch, weil sie sich in vielfältiger Weise akustisch äußern. Oft wird man erst durch ihre Rufe und Gesänge auf sie aufmerksam, und vielfach empfindet man die Vogelstimmen als einen ästhetischen Genuss.

Wie aber sind die akustischen Äußerungen der Vögel zu verstehen? Wie kann man sie beschreiben? Wie lernt man Vogelstimmen kennen? – Auf diese und viele andere Fragen wollen dieses Buch und die beigefügte CD Antworten geben. Mit Hilfe beider Medien wird der Benutzer lernen, welche Laute Vögel hören lassen, und welche Funktionen die verschiedenen Lautäußerungen haben.

Die Texte werden immer von den Vogelstimmen auf der CD begleitet. Das Symbol mit der Nummer verweist jeweils auf das Tonbeispiel der im Text hervorgehobenen Vogelart.
Beispiel: In diesem Fall wird auf die Nummer 67, das Rufen der Knäkente, verwiesen.

Knäkente
67

Weiter helfen das Buch und die CD dabei, die Stimmen verschiedener Vogelarten Europas so weit kennen zu lernen, dass man sie draußen unterscheiden kann. Konkrete Tipps zum Durchführen von Exkursionen und zu lohnenden Exkursionsgebieten enthalten manche Anregung für eine lohnende Freizeitbeschäftigung. Informationen über zu Verwechslungen Anlass gebende Stimmen anderer Tiere und zu Tierstimmen allgemein runden die Darstellung ab.

Dr. Eckart Pott

Vögel zu beobachten, ist für viele Naturfreunde ein gerne und intensiv gepflegtes Hobby, bedeutet es doch, draußen unterwegs zu sein – und vielleicht auch ein wenig abzuschalten. Für den, der sich in die Ornithologie einarbeitet, wird es bald unverzichtbar, sich auch mit den Lautäußerungen der Vögel zu beschäftigen. Zum einen wird er auf die Anwesenheit mancher Art oft erst durch deren Lautäußerungen aufmerksam, die dann allein zur Bestimmung führen müssen. Und zum anderen wird er neben den äußerlichen Merkmalen immer wieder auch die Lautäußerungen heranziehen müssen, um eine beobachtete Art sicher zu bestimmen.

## Vom Rufen, Singen und Geräusche machen

Wer sich für das Gebiet der Vogelstimmenkunde interessiert, sollte zunächst wissen, dass man zwischen stimmlichen und instrumentalen Äußerungen unterscheidet. Zu den stimmlichen Äußerungen gehören die vielfältigen Rufe und die Gesänge. Instrumentale Äußerungen erzeugen die Vögel vor allem mit dem Schnabel oder mit dem Gefieder, etwa mit den Flügeln oder sogar nur mit einzelnen Federn.

Bevor auf den nächsten Seiten auf die Rufe, Gesänge und Instrumentallaute näher eingegangen wird, sollten Sie sich zum Einstimmen das beeindruckende **Stimmenkonzert** unserer Vögel anhören.

**Rufe** Die Rufe sind meist recht einfach und kurz und bestehen auch im Höchstfall nur aus ganz wenigen Elementen. Rufe haben spezielle Funktionen in der Kommunikation mit dem Brutpartner und mit den eigenen Jungen, sie können Artgenossen warnen oder den Zusammenhalt im Trupp oder Schwarm sichern. Folglich kann man Kontaktrufe, Lockrufe, Warnrufe, Flugrufe etc. unterscheiden. Sie sind arttypisch, d. h. ein bestimmter Ruf ist nur von den Angehörigen einer einzigen Vogelart zu hören. Das bedeutet aber nicht, dass eine andere Vogelart nicht einen ganz ähnlichen Ruf haben kann.

**Gesänge** Die Gesänge sind in den meisten Fällen (wesentlich) komplizierter als die Rufe. Häufig ist ein Aufbau aus Strophen festzustellen, wie es beispielsweise beim Fitis oder beim Buchfinken der Fall ist. Strophen lassen sich gegebenenfalls in weitere Untereinheiten gliedern, in Motive, Phrasen, Silben und Elemente. Dies ist aber in erster Linie für Ornithologen interessant, die sich im Rahmen ihrer wissenschaftlichen Arbeiten mit Vogelstimmen beschäftigen. Die Untereinheiten sind nämlich oft nicht herauszuhören, vielmehr nur auf Sonagrammen zu erkennen (s. Seite 17). „Normale" Vogelfreunde sollten eher bemüht sein, Gesänge in ihrer Gesamtheit zu erfassen und sich zu merken.

Gesänge werden meist von den Männchen – bei verschiedenen Arten aber auch von den Weibchen oder gar von beiden Geschlechtern im Duett – vorgetragen und dienen im Wesentlichen dazu, ein Brutrevier zu markieren und einen Brutpartner anzulocken. Vielfach fördern sie auch den Zusammenhalt des Paares und die Abstimmung der geschlechtlichen Aktivität. Sie sind ebenfalls arttypisch, klingen aber regional bisweilen unterschiedlich. Wie ein Vogel singt, ist teils angeboren, teils erlernt. Oft kann man einen noch „unfertigen" Jugendgesang und einen „fertigen" Vollgesang unterscheiden.

1 Mit seiner schwarz-weiß-roten Färbung und seiner durchdringenden Stimme ist der Austernfischer ein sehr auffälliger Vogel.

2 Ein Goldammermännchen singt, um sein Revier zu markieren.

**Instrumentallaute** Zu den instrumentalen Äußerungen zählen etwa das Klappern der Störche oder das Trommeln der Spechte. Diese Laute werden mit dem Schnabel erzeugt. Vögel können Laute aber auch mit den Flügeln erzeugen. Beispiele dafür sind das Flügelklatschen balzender Ringeltauber und balzender Wald- und Sumpfohreulen. Bekassinen wiederum haben im Schwanz bestimmte Federn, mit denen sie bei besonderen Flugmanövern das bekannte „Meckern" erzeugen (s. Kapitel „Instrumentallaute und andere Geräusche").

Das Schnabelklappern ist die typische Lautäußerung des Weißstorchs.

**Kommunikation** Die genannten Lautäußerungen haben für die Vögel, allgemein gesagt, die Funktion, auf akustischem Weg Informationen weiterzugeben. Dabei spielt die Kommunikation mit Artgenossen die wesentliche Rolle. Auf manche Lautäußerungen reagieren aber auch andere Vogelarten und sogar ganz andere Tiere. Auf das Rätschen des Eichelhähers beispielsweise reagieren nicht nur andere Eichelhäher mit erhöhter Aufmerksamkeit, sondern auch andere Vogelarten und ein vielleicht in der Nähe äsendes Reh.

**Sonstige Geräusche** Darüber hinaus sind von Vögeln Geräusche zu hören, die nicht der Kommunikation dienen, sondern bei ganz normalen Lebensvorgängen entstehen. Als Beispiele seien die Geräusche genannt, die zu hören sind, wenn beispielsweise ein Weißstorch an seinem Horst landet, sich zwei schwimmende Teichhühner streiten, ein Buntspecht seine Höhle in einen Baumstamm hackt oder ein Kleiber an einem Ast nach Insekten sucht. Auch solche Geräusche können den Vogelfreund auf die Anwesenheit einer Art oder auf ein interessantes Geschehen aufmerksam werden lassen.

Die Rufe, die Gesänge und die meisten Instrumentallaute der Vögel sind ebenso eindeutige artspezifische Merkmale wie beispielsweise ein typischer Überaugenstreif oder eine Flügelbinde. Beim Bestimmen kann man die akustischen Äußerungen also wie äußerliche Merkmale nutzen.

So muss man den Pirol im Kronendach nicht sehen, und man weiß doch, dass er da ist – wenn man seine Flötenstrophen hört. Auch auf viele andere Vögel wird man erst dadurch aufmerksam, dass man ihre Rufe, Gesänge oder Instrumentallaute hört. Und wer sich ein wenig mit den Lautäußerungen auskennt, wird von Fall zu Fall gar nicht mehr das Fernglas bemühen, um sehr ähnliche Arten auseinander zu halten.

## Jeder Vogel singt anders

Um sich diese Kenntnisse anzueignen, sollte man schrittweise vorgehen und sich zunächst mit wenigen häufigen Vogelarten beschäftigen, die in der näheren Umgebung der eigenen Wohnung vorkommen. Es sollten Arten sein, die man auch anhand äußerlicher Merkmale leicht bestimmen – und wieder erkennen – kann.

Die Kohlmeise ist ein häufiger Garten-, Park- und Waldvogel.

Zum Einsteigen bietet sich die bekannte und häufige **Kohlmeise** *(Parus major)* an. Die Art ist das ganze Jahr über in Gärten und Parks zu beobachten (auch mitten in großen Städten), daneben an Hecken, in Feldgehölzen und in Laub- und Mischwäldern. Die Rufe dieser Meise klingen teilweise wie „pink, pink". Daneben hört man von der Meise ein typisches „zizidäh" oder ein kürzeres „zidäh". In Erregung erklingt ein recht kräftiges „trärretetet". Oft schon im ausgehenden Winter ist der Gesang zu hören, der sich aus „zizidäh"-Rufen zusammensetzt.

Ein anderes gutes „Objekt" ist die **Amsel** *(Turdus merula)*. Früher ein reiner Waldvogel, ist diese Art heute als Kulturfolger auch überall in Gärten und Parks anzutreffen – und zwar das ganze Jahr über. Als Rufe hört man von der Amsel beispielsweise ein dünnes „zih", bei Erregung ein lautes und durchdringendes „tik, tik, tik" oder „tix, tix, tix". Dieses „Tixen" hört man auch beim Abfliegen und abends vor dem Aufsuchen der Schlafplätze. Der langsame Gesang besteht aus Folgen von getragenen und flötenden Tönen. Die einzelnen Strophen schließen mit schwächeren gepressten und zwitschernden Tönen ab. Insgesamt wirkt der Gesang etwas schwermütig.

Nah verwandt mit der Amsel ist die **Singdrossel** *(Turdus philomelos)*. Sie ist etwas kleiner als die Amsel, vor allem aber ist der Rücken einfarbig braun, die weißlich-gelbliche Unterseite hat Längsreihen schwarzbrauner Punkte, und beim Auffliegen sieht man rahmfarbene Unterflügel. An Rufen hört man ein lautes „gick" und bei fliegenden Vögeln vor allem auch ein typisches „zipp"; erregte Vögel zetern. Der Gesang ist recht laut und charakteristisch: Kurze Motive werden jeweils zwei bis vier Mal wiederholt, dann folgt das nächste Motiv; der Gesang wirkt daher rhythmisch. Die einzelnen Motive sind abwechslungsreich, mehrsilbig und klangvoll und enthalten teilweise Nachahmungen (Imitationen) der Stimmen anderer Vögel (s. Kapitel „Vögel als Nachahmer").

Deutlich größer als die Singdrossel wird die **Misteldrossel** *(Turdus viscivorus)*; sie sieht aber sehr ähnlich aus: Die Oberseite ist einfarbig graubraun, die Unterseite ist gelblich weiß mit kräftigen schwarzbraunen Flecken; im Flug fallen die weißen Unterflügel auf. Die Rufe dieser Art: schnarrendes und hartes „trrr", auch dünnes und gezogenes „si-ip". Der flötende Gesang ähnelt in der Struktur dem der Amsel, ist aber wesentlich lauter und zeigt bisweilen Wiederholungen ähnlicher Elemente. Die Strophen sind zudem kürzer als bei der Amsel.

**1** Das Amselmännchen erkennt man an dem gelben Schnabel und dem gelben Augenring.

**2** Die Singdrossel unterscheidet sich von der Amsel in der Färbung und im Gesang deutlich.

Hier zeigt sich also, dass man Sing- und Misteldrossel als optisch sehr ähnliche Arten akustisch leicht auseinander halten kann. In diesem Fall ist die Artbestimmung über akustische Kennzeichen einfacher als die über morphologische.

Dass die Stimmen der Vögel wie äußerliche Kennzeichen zur Artdiagnose genutzt werden können, wird auch am Beispiel der „bunten Spechte" (Buntspecht, Mittelspecht, Kleinspecht) und der „grünen Spechte" (Grünspecht und Grauspecht) deutlich – um eine andere Vogelordnung als die der Singvögel anzusprechen. Von diesen Vögeln sind übrigens auch interessante Instrumentallaute zu hören, das Trommeln; es dient der Markierung des Reviers.

Die „bunten Spechte" unterscheiden sich äußerlich durch die Größe und die jeweils unterschiedliche Verteilung der Farben Schwarz, Weiß und Rot im Gefieder.

Beim **Buntspecht** (Dendrocopos major) fallen die großen weißen Schulterflecken auf dem schwarzen Rücken und der kräftig rote Unterschwanz auf. Das Männchen hat zudem einen roten Hinterkopf; dem Weibchen fehlt die rote Kopfzeichnung. Vom Buntspecht ist häufig ein lautes und auffälliges „kix" zu hören, aber nicht viel mehr. Dafür **trommeln** beide Geschlechter regelmäßig und ausdauernd; fünf bis acht Mal pro Minute ertönen je fünf bis 20 Schläge.

Der **Kleinspecht** (Dendrocopos minor) ist deutlich kleiner als der Buntspecht und auf der schwarzen Oberseite weiß quergebändert. Die Einzelrufe dieses Spechtes klingen ähnlich wie die des Buntspechtes: „kick". Der Gesang besteht dagegen aus hellen „ki-ki-ki"-Strophen. Die Art trommelt 14 bis 19 Mal in der Minute mit je bis zu 30 Schlägen; das Trommeln ist aber nicht so laut wie das des Buntspechtes.

Mit Buntspecht und Kleinspecht zu verwechseln ist der **Mittelspecht** (Dendrocopos medius). Seine Rückenzeichnung gleicht der des Buntspechtes; er hat aber eine durchgehend rote Kopfplatte. Einzelrufe dieser Art klingen wie „gük". Sein Gesang ist „ein klägliches, quäkendes Schreien wie ‚quää-quää...' oder ‚gää-gää...'". Trommeln hört man diesen Specht nur selten.

Spechte sind allgemein daran zu erkennen, dass sie an Baumstämmen hinaufklettern können. Dabei helfen ihnen die Klammerfüße mit den zwei nach vorne und zwei nach hinten gerichteten Zehen; der kräftige Schwanz stützt sie ab.

1 Beim Buntspecht fallen die großen weißen Schulterflecken auf dem schwarzen Rücken und der kräftig rote Unterschwanz auf. Das Männchen hat einen roten Hinterkopf; dem Weibchen (Foto) fehlt die rote Kopfzeichnung.

2 Der Grauspecht hat eine olivgrüne Oberseite, Kopf und Hals sind grau (Name!). Auffällig sind der breite schwarze Streifen vom Auge zur Schnabelwurzel und der schmale, schwarze Bartstreif. Beim Männchen (Foto) sind Stirn und Vorderscheitel rot, beim Weibchen fehlt jegliches Rot im Gefieder. – Beim deutlich größeren Grünspecht haben beide Geschlechter eine rote Kopfplatte, die sich bis in den Nacken zieht.

Auch wenn sie sich in der Größe und in der Färbung – wie die „bunten" Spechte – etwas unterscheiden, ist es doch auch im Fall der „grünen Spechte" sehr hilfreich, zusätzlich die Lautäußerungen zu kennen.

Vom **Grünspecht** *(Picus viridis)* hört man laute, schallende „glü-glü-glü"-Strophen, die gegen Ende hin schneller und leiser werden. Die Art trommelt nur selten, und wenn, dann schwach und nicht regelmäßig.

Der **Grauspecht** (Picus canus) hat einen ähnlichen Gesang wie der Grünspecht, die einzelne Strophe klingt aber weniger schallend und fällt zum Ende hin in der Höhe ab und wird langsamer. Der Grauspecht **trommelt** im Gegensatz zum Grünspecht anhaltend: 20 Mal pro Minute erklingen 20 bis 40 Schläge hintereinander.

Die Laubsänger – Zilpzalp, Fitis und weitere Arten – halten sich überwiegend in den Baumkronen auf, und alle sind mehr oder weniger ähnlich grünlich gefärbt. Die Vögel sind also im Laub der Bäume nicht leicht zu entdecken und anhand äußerlicher Kennzeichen auch kaum zu unterscheiden. Kennt man aber ihre Gesänge, wird man zum einen auf die Anwesenheit der Vögel aufmerksam, und zum anderen macht die Artbestimmung keine Probleme.

Der Gesang des **Zilpzalps** *(Phylloscopus collybita)* ist eine einförmige, nicht sehr rasch vorgetragene „zilp, zalp, zalp, zilp, zilp, zalp"-Folge, wonach der Vogel auch seinen Namen erhalten hat; darin eingeschoben sind harte „trrrt-trrrt"-Laute.

Der Gesang des **Fitis** *(Phylloscopus trochilus)* ist dagegen eine weich tönende, etwas schwermütig anmutende Kadenz, die mit einem typischen Schnörkel abschließt.

Der Gesang des **Waldlaubsängers** *(Phylloscopus sibilatrix)* wiederum beginnt mit einer Folge von „düh, düh"-Tönen, denen eine Reihe von Elementen folgt, die wie „sib" klingen; schließlich endet der Gesang mit einem schnurrenden „sirrr"-Triller (brauchbare Eselsbrücken: „Waldschwirrvogel" und „Nähmaschinenvogel").

Ähnliches wie für die Laubsänger gilt für die Rohrsänger, typische Vögel feuchter Pflanzendickichte und Röhrichte. Sie sind insgesamt unauffällig bräunlich gefärbt, und die verschiedenen Arten sind äußerlich einander sehr ähnlich und am besten an ihrer Stimme zu unterscheiden.

**1** Auf den Drosselrohrsänger, mit 16–20 cm Länge die größte europäische Rohrsängerart, wird man meist durch die laute, raue Stimme aufmerksam. Der durchdringende Gesang setzt sich aus „arre ärr iet iet"-Strophen zusammen.

**2** Der unscheinbar grünlich gefärbte Zilpzalp oder Weidenlaubsänger singt so, wie er heißt: „zilp, zalp, zalp, zilp, zilp, zalp".

1 Der Teichrohrsänger ist hauptsächlich in Schilfbeständen zu beobachten.

2 Mit ihrer einfarbig braunen Oberseite, der helleren, graubraunen Unterseite und dem rotbraunen Schwanz ist die Nachtigall recht unscheinbar gefärbt. Ihr Gesang ist aber einer der schönsten, die in Europa zu hören sind.

Auf den Teichrohrsänger (Acrocephalus scirpaceus) wird man oft erst durch seine Stimme aufmerksam. Der rhythmische Gesang – meist von einem Schilfhalm aus vorgetragen – ist eine längere Folge von Mehrfachelementen, die oft einige Male wiederholt werden: „tek tek tirri tirri tirri".

Der Gesang des äußerlich ganz ähnlichen **Sumpfrohrsängers** (Acrocephalus palustris) dagegen ist wohltönend und sehr abwechslungsreich, vor allem durch die vielen eingestreuten Nachahmungen oder Imitationen der Stimmen anderer Vögel. Man spricht hier auch von „spotten", „Spottsänger" und „Spottgesang" (s. Kapitel „Vögel als Nachahmer").

Unscheinbar bräunlich wie die Rohrsänger ist auch die **Nachtigall** (Luscinia megarhynchos) gefärbt. Dieser Vogel hält sich meist im Dickicht verborgen, hat aber einen der schönsten Gesänge in der europäischen Vogelwelt. Der Gesang beginnt mit einer ansteigenden „dü, dü, dü"-Folge, wird dann lauter und schneller und endet in einem schluchzenden Schmettern. Der Vogel singt sowohl in der Morgen- und Abenddämmerung als auch nachts.

Nun muss man wissen, dass es neben der über das westliche, mittlere und südliche Europa verbreiteten Nachtigall noch den **Sprosser** (Luscinia luscinia) als Zwillingsart gibt. Das Verbreitungsgebiet dieser äußerlich sehr ähnlichen Art schließt sich östlich und nördlich an das der Nachtigall an. Im Grenzbereich treten beide Arten nebeneinander auf, aber da ihre Stimmen etwas unterschiedlich sind, kann man gleich sagen, welche Art man vor sich hat – und das, ohne einen Vogel zu sehen.

Allein anhand ihrer Lautäußerungen kann man also feststellen, ob Vögel in einem bestimmten Gebiet leben, und um welche Arten es sich handelt. Während einer Vogelstimmenexkursion ist es so möglich, eine qualitative Analyse der Vogelwelt durchzuführen. In einem weiteren Schritt kann man kalkulieren, dass in einem bestimmten Gebiet gehörte Gesänge in etwa mit der Anwesenheit territorialer Vogelmännchen und diese mit Brutpaaren gleichzusetzen sind. Das bedeutet: Wenn man die Zahl der singenden Männchen einer Vogelart in einem bestimmten Gebiet zählt, weiß man ziemlich genau, wie viele Brutpaare dieser Art vertreten sind. Man gelangt damit also zu einer quantitativen Bestandserfassung. Führt man diese über mehrere Jahre hin durch, kann man Aussagen darüber machen, ob Vogelbestände zunehmen, konstant bleiben oder abnehmen.

## Quiz 1

Unter Nr. 16 hören Sie auf der CD zwei verschiedene Vogelgesänge. Welche Arten singen da?

(Lösung auf Seite 46, Nr. 16 )

Das Beschreiben der Lautäußerungen von Vögeln dient unterschiedlichen Zwecken. Zum einen wollen Vogelbeobachter das Gehörte festhalten – etwa wenn sie auf Exkursionen unbekannte Stimmen hören. Zum anderen ergibt sich immer wieder die Notwendigkeit, anderen Menschen das Gehörte zu vermitteln. Leiter von Vogelstimmenexkursionen etwa müssen dies mündlich tun, in Vogelbüchern geschieht dies in schriftlicher Form. Das Thema ist aber auch für wissenschaftlich arbeitende Ornithologen wichtig, da sie darauf angewiesen sind, objektive Daten zu erarbeiten. Die von den Wissenschaftlern angewandten Methoden und die damit erzielten Ergebnisse müssen untereinander vergleichbar und für Fachkollegen nachvollziehbar sein.

## Mit Eselsbrücken lernt sich's leichter

Zunächst einmal kann man versuchen, das Gehörte mit den Mitteln der normalen Sprache auszudrücken und gegebenenfalls schriftlich wiederzugeben. So kann man etwa die Rufe des Mauerseglers *(Apus apus)* mit „sriih, sriih" wiedergeben, und andere Menschen können sie sich etwa vorstellen. Die Beschreibung des Gesanges des Schilfrohrsängers *(Acrocephalus schoenobaenus)* in einem Vogelführer liest sich so: „Sein Gesang ist eine abwechslungsreiche Folge von schnarrenden, rauen, zwitschernden und wohltönenden Lauten; typisch sind eingebaute ‚woid-woid-woid'-Elemente. Das Männchen trägt ihn entweder von einer erhöhten Singwarte aus oder im Singflug vor."

Anhand dieser beiden Beispiele wird zweierlei deutlich: Man kann versuchen das Gehörte 1 : 1 umzusetzen. Man kann das Gehörte aber auch allgemeiner mit Worten beschreiben. Die Lautstärke kann man beispielsweise mit „fein", „leise" oder „laut", die Tonhöhe mit „tief" oder „hoch" und die Klangfarbe mit „dunkel", „dumpf", „hell", „schrill" oder „quietschend" charakterisieren. Um die Länge eines Rufes oder eines Gesanges zu beschreiben, kann man Wörter wie „kurz", „lang", „gedehnt" oder „lange anhaltend" benutzen. Eine Tonfolge kann „langsam", „getragen", „schnell", „abgehackt", „fließend", „perlend", „gerollt", „schnurrend" oder „trillernd" vorgetragen werden, der Gesamteindruck „melancholisch", „schwermütig", „frisch" oder „fröhlich" sein.

Die Sprache bietet also viele Möglichkeiten, die Lautäußerungen von Vögeln zu beschreiben – auch wenn subjektive Momente zum Tragen kommen. Umgekehrt bietet die Sprache viele Anhaltspunkte, um die Lautäußerungen von Vögeln kennen zu lernen. Letzteres wird weiter vereinfacht, wenn eingängige Eselsbrücken zur Verfügung stehen. Dabei sollte man auch in vergangene Zeiten zurückblicken, denn früher hatten die Menschen eine engere Beziehung zu den Vögeln, die in ihrer Umgebung lebten, und entsprechend vielfältig und treffend sind deren volkstümliche Namen und die Umsetzungen von deren Stimmen. Auch Vergleiche mit technischen Geräuschen kann man bisweilen als Eselsbrücken heranziehen.

1 Beobachtet man in einem Garten, in einem Park oder im Wald ein Buchfinkmännchen, sollte man auf dessen Ruf achten, ein typisches „pink".

2 Den Stieglitz oder Distelfink erkennt man leicht an der auffälligen Kopfzeichnung: rote Gesichtsmaske, weiß umrahmt, Kopfplatte und Nacken schwarz. Männchen und Weibchen sind gleich gefärbt. Typisch sind die „stigelitt"-Rufe, auf die sich der Name „Stieglitz" bezieht.

Im Lautrepertoire der **Kohlmeise** *(Parus major)* beispielsweise tauchen immer wieder „pink-pink"-Rufe auf. Im Volksmund wird die Art deshalb auch „Finkmeise" genannt! So ganz tragfähig ist diese Eselsbrücke aber nicht, denn die „pink"-Rufe des **Buchfinks** *(Fringilla coelebs)* klingen recht ähnlich.

Im Fall des **Zilpzalps** *(Phylloscopus collybita)* ist der Zusammenhang dagegen eindeutig. Nach seinem Gesang, einer einförmigen, nicht sehr rasch vorgetragenen „zilp, zalp, zalp, zilp, zilp, zalp"-Folge hat der Vogel seinen Namen erhalten, und der Vogelfreund hat eine schöne Eselsbrücke zur Hand.

Bei drei weiteren mitteleuropäischen Vögeln ist die Stimme direkt in die Namengebung eingeflossen, und wieder hat der Vogelbeobachter einprägsame Eselsbrücken zur Verfügung.

So hört man vom **Stieglitz** *(Carduelis carduelis)* typische „stigelitt"-Rufe, auf die der Name des Vogels zurückgeht. Der Gesang ist eine hastige Folge dieser Rufe und schmetternder Töne, Triller und Schnörkel. Die bevorzugte Nahrung des kleinen Finks sind Samen von Stauden, gerne von Disteln, und auf letztere Nahrungspflanzen bezieht sich der Zweitname des Vogels: Distelfink. In diesem Falle verfügen Vogelfreunde also über zwei Eselsbrücken zum Erkennen des Vogels.

Die Gleichung „Stimme = Name" geht im Fall des **Kuckucks** *(Cuculus canorus)* am prägnantesten auf. Der Gesang des Vogels, das wiederholte zweisilbige – bei Erregung auch dreisilbige – „kuckuck", ist wohl jedem bekannt, und was lag näher, als die bekannte Vogelstimme in den Namen umzusetzen. Neben dem „kuckuck" hört man auch fauchende Rufe und vom Weibchen schallende „kwi-kwi-kwi"-Reihen.

**1** Einer der bekanntesten mitteleuropäischen Vögel ist der Kuckuck. Gehört haben das wiederholte „kuckuck" schon viele, gesehen haben den Vogel aber nur recht wenige Menschen.

**2** Die Große Rohrdommel lebt in ausgedehnten Röhrichten am Ufer von Seen. Sie ist nur selten zu sehen, wohl aber zu hören.

**1** Ein gelb schwarzes Pirol-
männchen fliegt an, um eines
seiner Jungen zu füttern.

**2** Typisch für den Uhu sind die
abstehenden Feder„ohren".

Beim **Uhu** *(Bubo bubo)*, der größten europäischen Eule überhaupt, fallen
neben der Größe vor allem der rechteckige Kopf mit den fast waagerecht abstehenden Federohren auf. Warum der Vogel Uhu heißt? – In der Paarungszeit
(Februar bis April) hört man als Gesang monoton gereihte, alle acht bis zehn
Sekunden wiederholte Elemente, die wie „u-hu" klingen!

Die Stimmen der Vögel müssen aber nicht 1 : 1 in Namen umgesetzt werden.
Die **Große Rohrdommel** *(Botaurus stellaris)* etwa trägt den volkstümlichen
Namen „Moorochse". Warum? Nun, dieser Reiher lebt in der Verlandungszone
größerer Seen (Schilfröhricht) und ist nur selten zu beobachten. Meist wird
man lediglich durch die charakteristischen dumpfen „ü-prumb"-Strophen aufmerksam, die den Gesang des Männchens ausmachen.

Der **Pirol** *(Oriolus oriolus)* – das Männchen hat ein prächtig gelb-schwarzes
Gefieder – trägt den volkstümlichen Name „Vogel Bülow". Daran mag sich
erinnern, wer aus den Baumkronen in Parkanlagen und Laubwäldern (gerne
Auwäldern) im Tiefland die lauten, flötenden, wie „düdlio" klingenden Kurz-
strophen des Gesanges hört. Bei Erregung lässt der Pirol auch raue, krächzende und wie „jik, jik" klingende Rufe hören.

Wie vertraut die Menschen früher mit der Vogelwelt ihrer Umgebung waren,
zeigen Volksmundverse. Wie wäre es mit „Wie, wie, wie hab ich dich liieb" oder
„Komm doch her zu mir – morgen früüüh!" oder „Die Kirschen sind besser als
der Stiiiel." oder „Wie, wie, wie bin ich so müüüd!" oder „Ach, mir ist – ich
weiß nicht wiiie."? So sind die Strophen des von einer Singwarte aus vorgetragenen Gesanges der **Goldammer** *(Emberiza citrinella)* viel einprägsamer
beschrieben als durch „zizizizi-zihe"!

Auf ähnliche Weise kann man den Gesang des **Buchfinks** *(Fringilla coelebs)*
umschreiben – und sich einprägen. Die Strophe setzt sich aus etwa einem
Dutzend kräftiger Schmettertöne zusammen, die abfallen und in einem
Schnörkel enden. Das klingt etwa „zi zi zi zi teroitit". Im Volksmund wurden
daraus „Fritze, Fritze, Fritze, willste Würzigbier?" oder „Bin ich nicht ein schnit-
tiger Reitergeneral?" oder „Hast du denn mein Gretchen nicht gesehen?" oder
„Ich, ich schreib' an die Regierung".

Die Wachtel ist sehr selten zu sehen, der typische dreisilbige „Wachtelschlag" verrät aber ihre Anwesenheit. In Größe und Färbung ähnelt sie einem Fasanküken. Den Winter verbringt dieser kleine Hühnervogel in Afrika.

Auch den typischen, dreisilbigen, wie „pick-per-wick" klingenden Schlag der **Wachtel** *(Coturnix coturnix)* haben unsere Vorfahren treffend übersetzt: „Fauler Strick! Fauler Strick!" oder „Bück de Rück, bück de Rück!" oder „Bück de Rück, eß e Stück! Sechs Paar Weck', putz se weg!" oder „Schmeckt mer net, schmeckt mer net, wenn ich doch 'n Zwieback hätt!". Wer dies im Kopf behält, kann leicht und eindeutig feststellen, ob Wachteln in einem Gebiet zu Hause sind. Denn zu sehen sind die kleinen Hühnervögel nur selten.

Nicht nur Rufe und Gesänge der Vögel wurden im Volksmund sprachlich umgesetzt, sondern auch Instrumentallaute. Das bekannteste Beispiel dafür bietet der **Weißstorch** *(Ciconia ciconia)*. Die Art war früher weiter verbreitet und vor allem häufiger als heutzutage, und durch viele Dörfer und Kleinstädte schallte das typische Schnabelklappern des Weißstorches. Was lag da näher, als vom „Klapperstorch" zu sprechen?

Mit der Urbarmachung von Feuchtwiesen, Sumpfgebieten und Mooren wurde nicht nur der Weißstorch seltener, sondern auch die **Bekassine** *(Gallinago gallinago)*. Die Stimme dieser kleinen Schnepfe mit dem langen, geraden Stocherschnabel erinnert an eine tickende Uhr: „tükke-tükke-tükke-tükke". Typisch ist der Balzflug, bei dem die Schnepfe immer wieder einmal seitlich abkippt. In dieser Flugphase werden die Schwanzfedern gespreizt, und es ertönt ein meckerndes Geräusch. Wegen dieses Instrumentallautes wird die Bekassine auch „Himmelsziege" genannt.

Bisweilen bietet sich als Beschreibung – und Eselsbrücke – an, eine Vogelstimme mit einem technischen Geräusch zu vergleichen. Der Gesang des **Hausrotschwanzes** *(Phoenicurus ochruros)* etwa ist recht einfach: Einem Strophenteil mit vier bis fünf gleich hohen Tönen folgt ein Teil mit gepressten, kratzenden Zischlauten. Letzterer klingt, wie wenn es bei elektrischem Strom einen Kurzschluss gibt. Der Gesang wird von Hausgiebeln oder Antennen aus vorgetragen und ist oft schon in der ersten Morgendämmerung zu hören. Die Rufe dieses Rotschwanzes klingen kurz „tsip" oder auch hart „hid-tekk-tekk".

Der Name des **Girlitzes** *(Serinus serinus)* wiederum bezieht sich auf die klirrenden, wie „girlitt" klingenden Rufe. Aber auch der Gesang ist unverkennbar: Die auffällig lange anhaltende, klirrende und perlende Folge von etwa gleich hohen Tönen wird von einer exponierten Singwarte aus oder im flatternden Balzflug vorgetragen. Man denke an einen Glaskorken, den man im Hals einer Glasflasche dreht, oder an ein quietschendes Wagenrad.

Von der **Elster** *(Pica pica)* hört man in der Paarungszeit ein abwechslungsreiches Geschwätz aus unterschiedlichen Tönen. Charakteristisch für diesen langschwänzigen, schwarz-weiß gefärbten Rabenvogel sind aber die lauten und auffälligen „schack-schack-schack"-Rufe. Sie klingen, als ob man eine halbvolle Streichholzschachtel schüttelt.

An Weihern mit dichter Vegetation, in Sumpfgebieten und Mooren lebt die **Knäkente** *(Anas querquedula)*. Die Art ist nicht leicht zu beobachten, die Erpel lassen aber ganz charakteristische „klerreb"-Rufe hören. Sie klingen, als wenn man über einen hölzernen Kamm streicht. Von den Weibchen hört man „knäk"-Rufe, die zum Namen der Art geführt haben mögen.

Ein ganz anderer Ansatz zum Beschreiben der Lautäußerungen von Vögeln ist es, die Stimmen in Notenschrift visuell wiederzugeben. Die Übertragung ist durchaus möglich, aber einerseits ist sie nicht für jeden nachvollziehbar, und andererseits beinhaltet auch diese Methode noch – genau wie die Umsetzung der Lautäußerungen in schriftliche Form – viele subjektive Momente. Dennoch kann man mit Hilfe der Notenschrift Tonhöhen und Pausen gut darstellen.

Da nicht bei jedem Vogelkundler so viele musikalische Kenntnisse vorauszusetzen sind, dass er Notenschrift im Kopf in Töne umsetzen kann, wurden Versuche gemacht, eine vereinfachte Notenschrift für Vogelstimmen zu entwickeln. Auch diese Methode hat vielen Einsteigern den Weg zum Kennenlernen der Vogelstimmen geebnet.

Ein Durchbruch im wissenschaftlichen Sinn kam dann mit den Verfahren der elektromagnetischen Tonaufzeichnung und der elektronischen Analyse der Aufnahmen. Wenn man nämlich die Stimme einmal auf Magnetband gespeichert hat, kann man sie durch einen so genannten Sonagraphen schicken und sie sich in objektivierter Form ausdrucken lassen. Man spricht hier von Klangspektrogrammen oder – nach dem Gerät, das diese Umsetzungen ermöglicht – von Sonagrammen. Sonagramme sind aber nicht immer einfach zu „lesen".

**1** Ursprünglich ein Bewohner von Steinbrüchen, Klippen und felsigen Hängen, kann man den Hausrotschwanz heute auch in Dörfern und Städten um die Häuser herum beobachten (in Mitteleuropa von März bis Oktober). Das Männchen (Foto) hat eine grauschwarze Oberseite; die Brust ist schwärzlich, die Stirn hellgrau. Das Weibchen ist insgesamt düster graubraun gefärbt. Auffällig bei beiden Geschlechtern sind der rostrote Bürzel und der häufig zitternde, rostrote Schwanz, außerdem die aufrechte Sitzhaltung und das Knicksen.

**2** Eine Strophe des Fitis, oben in Notenschrift dargestellt, in der Mitte im Tönhöhen- und -längenverlauf und unten als Sonagramm. (Aus H.-H. Bergmann und H.-W. Helb: Stimmen der Vögel Europas)

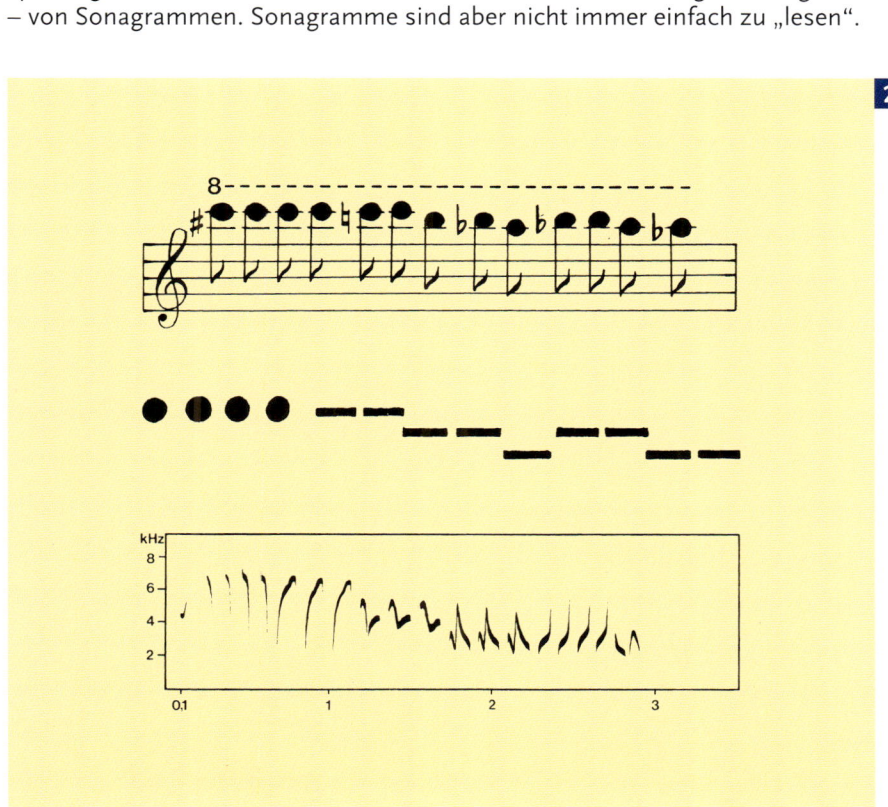

# Vögel als Nachahmer

In den vorherigen Kapiteln haben Sie die Rufe und Gesänge verschiedener Vogelarten kennen gelernt. Nun kann dennoch Verwirrung entstehen, wenn man die Stimme eines Vogels eigentlich eindeutig zu erkennen meint, aber darin Elemente eingebaut sind, die „untypisch" sind.

## Nicht nur Papageien sind „sprachbegabt"

Der Gesang des **Gelbspötters** (Hippolais icterina) beispielsweise ist recht laut, lange anhaltend und abwechslungsreich; er enthält wohlklingende und misstönende Passagen. Der Name „-spötter" besagt, dass im Gesang Stimmen anderer Vögel nachgeahmt oder imitiert werden; man spricht hier auch von „spotten" oder „Spottgesang". Der Gesang des Gelbspötters enthält vielfältige Imitationen der Stimmen von Rohrsängern, Feldlerche, Stieglitz, Amsel, Pirol und anderen Vögeln. Andere Vogelarten ahmen teilweise auch technische Geräusche nach.

Ein weiterer Imitierer ist der **Sumpfrohrsänger** (Acrocephalus palustris), der in feuchten Dickichten und Weidengebüschen, aber auch in Getreidefeldern und ähnlichen Lebensräumen weitab vom Wasser vorkommt. Der Gesang des Vogels ist wohltönend und sehr abwechslungsreich und letzteres vor allem durch die vielen eingestreuten Nachahmungen der Stimmen anderer Vögel gut herauszuhören.

Auch der in größeren Parks, Feldgehölzen und Wäldern lebende **Eichelhäher** (Garrulus glandarius) kann bisweilen Verwirrung stiften. Als Warnruf hört man von diesem Rabenvogel ein typisches, heiseres „Rätschen". Daneben lässt der Vogel vielfältige andere raue, knackende und miauende Laute hören – die denen anderer Arten oft zum Verwechseln ähneln.

Dem **Star** (Sturnus vulgaris) begegnet man in Gärten und Parks, in Feldgehölzen und Wäldern. Sein Gesang ist ein geschwätziges Gemisch aus Pfiffen, Schnalz- und Schnurrlauten, in das Imitationen anderer Vogelstimmen und technischer Geräusche eingebaut sind. Beim Singen schlagen die Männchen übrigens heftig mit den Flügeln; sie machen also nicht nur akustisch, sondern auch optisch auf sich aufmerksam.

Schließlich sei darauf verwiesen, dass Irritationen auch durch „Nicht-Vögel" auftreten können. Wer beispielsweise in einem Feuchtgebiet unterwegs ist, sollte daran denken, dass verschiedene Lurche oder Amphibien so melodische Stimmen haben, dass man meinen kann, einen Vogel zu hören (s. Kapitel „Andere Tiere – andere Laute").

**1** Der gelbgrüne Gelbspötter hat einen abwechslungsreichen Gesang.

**2** Singend und flügelschlagend macht der Star vom Dach eines Nistkastens aus auf sich aufmerksam.

Den vielfältigen stimmlichen Äußerungen, die von Vögeln zu hören sind, sind die Instrumentallaute gegenüberzustellen. Sie werden mit dem Schnabel oder mit Partien des Gefieders, vor allem mit den Flügeln und dem Schwanz, erzeugt. Sie haben eine biologische Funktion – auch wenn diese im Einzelfall nicht eindeutig zuzuordnen sein mag – und sind artspezifisch.

Daneben hört man von Vögeln eine Fülle von Geräuschen, die einfach entstehen, wenn der betreffende Vogel beispielsweise auf Nahrungssuche ist, von einem Ort startet, fliegt oder irgendwo landet. Solche Geräusche haben natürlich keine Funktion im Sinne von Kommunikation, aber sie werden durchaus wahrgenommen und können Reaktionen verursachen – und sei es nur, dass ein Vogelfreund auf einen Vogel aufmerksam wird.

## Klappern, Trommeln, Flügelklatschen

Über den wohl bekanntesten Instrumentallaut verfügt der nicht zu verwechselnde **Weißstorch** (Ciconia ciconia). Von diesem Großvogel hört man, abgesehen von gelegentlichem Zischen, kaum Laute, die mit dem Stimmapparat erzeugt werden. Aber wann immer die Vögel erregt sind, beispielsweise die beiden Brutpartner auf dem Horst aufeinander treffen, legen sie ihre Hälse auf den Rücken – und klappern laut. Beim Klappern schlagen Unter- und Oberschnabel schnell aufeinander. Auch die Jungen klappern andeutungsweise schon kurz nach dem Schlüpfen, und wenn sie ein paar Tage alt sind, klappern sie auch schon „richtig". Bei den noch weichen Schnäbeln ist davon allerdings mehr zu sehen als zu hören.

Laute mit den Schnäbeln erzeugen auch die Spechte (s. Seite 9 f.). Einige mitteleuropäische Arten verfügen nur über wenige Rufe, stattdessen ersetzt das **Trommeln der Spechte** das Markieren des Reviers und das Anlocken eines Brutpartners. Das Trommeln ist nichts anders als ein schnelles Klopfen mit dem Schnabel auf einen „Gegenstand". Dieser „Gegenstand" ist in vielen Fällen ein trockener Ast an einem Baum. Es ist aber auch schon vorgekommen, dass ein Specht auf einer Alarmsirene getrommelt hat – was nicht gerade Begeisterung bei den Bewohnern der umliegenden Häuser hervorgerufen hat.

Laute können auch mit den Flügeln erzeugt werden. Ringeltauben beispielsweise steigen zu Beginn der Brutzeit oft zu einem Balzflug auf, und am Scheitelpunkt schlagen sie ganz kurz die Flügel zusammen, was zu einem klatschenden Laut führt. Für die **Waldohreule** (Asio otus) gilt Ähnliches. Und auch die Sumpfohreule (Asio flammeus) lässt während des Balzfluges nicht nur tiefe „bu-bu-bu"-Strophen hören, sondern häufig auch Flügelklatschen.

Fliegende Höckerschwäne sind unüberhörbar – nicht wegen ihrer Stimme, sondern wegen ihrer Flügelgeräusche.

## Quiz 2

Unter Nr. 40 werden auf der CD drei Laute vorgespielt. Welchen Arten sind die Aufnahmen zuzuordnen?

(Lösung auf Seite 46, Nr. 40)

Ein ganz ungewöhnlicher Instrumentallaut ist von der **Bekassine** *(Gallinago gallinago)* zu hören. Während des Balzfluges kippt der Vogel immer wieder einmal über einen Flügel seitlich ab und geht in den Sturzflug über. Jetzt werden die äußeren Schwanzfedern abgespreizt, und es ertönt ein meckerndes Geräusch. Der Vogel wird deshalb auch „Himmelsziege" genannt (s. Seite 16).

Auch der **Kiebitz** *(Vanellus vanellus)*, ein Vogel der Wiesen und Felder, Sumpfgebiete und Moore – und bisweilen Nachbar der Bekassine –, zeigt zur Balzzeit auffällige Flugspiele. Neben den „chiu-witt-witt-witt"-Strophen sind Fluggeräusche deutlich hörbar. Ansonsten heißt der Vogel so, wie er singt und ruft.

Nicht sehr ruffreudig ist der **Höckerschwan** *(Cygnus olor)*, einer der größten flugfähigen Vögel in der europäischen Vogelwelt. Immerhin hört man bei Erregung, etwa bei Störungen am Nest, zischende und schnarchende Laute. Auffälliger sind die Geräusche, die entstehen, wenn Vögel von der Wasseroberfläche auffliegen wollen. Auf Grund ihres Gewichtes müssen die Vögel eine Strecke auf der Wasseroberfläche entlanglaufen – und dies ist mit viel Lärm verbunden. Von fliegenden Höckerschwänen hört man dann ein singendes Flügelge-

räusch. Der genauso große **Singschwan** *(Cygnus cygnus)*, in Mitteleuropa als Wintergast zu beobachten, ist dagegen sehr ruffreudig (daher der Name!) und an seinem Trompeten gut zu erkennen, aber er fliegt ohne laute Geräusche.

Wie die Schwäne müssen auch andere Wasservögel vor dem Abheben Anlauf nehmen – was aus nicht zu weiter Entfernung deutlich zu hören ist. Beispiele für diese Startmanöver bieten die Lappentaucher wie der Haubentaucher, die Tauchenten wie die Reiherente und die Tafelente, die Säger oder das **Blässhuhn**

*(Fulica atra)*. Letzteres ist auch an dem lauten „köw, köw" zu erkennen. Daneben erklingen durchdringende, wie „pix" klingende Rufe oder auch ein stimmloses, kurzes „tsk".

Abschließend sei noch auf einige Geräusche hingewiesen, die bei ganz normalen Tätigkeiten von Vögeln entstehen. Beispielsweise kann man aus nicht zu großer Entfernung hören, wenn Spechte bei der Nahrungssuche die Borke von Ästen hacken. Ähnliches gilt für den Kleiber und die Kohlmeise. Mit ihren Schnäbeln hacken die Spechte auch ihre Bruthöhlen in Baumstämme, und die Zimmererarbeiten gehen nicht lautlos vonstatten. Gleiches gilt für die Weidenmeise, die in morschen Baumstämmen brütet.

Lautlos fliegen auch nur ganz wenige Vögel. So ist der Flügelschlag auffliegender Fasane und Schneehühner deutlich zu hören. Die Angriffe von Raubmöwen und Möwen gehen mit kräftigem Rauschen einher. Und wer in den Alpen einmal die Flugmanöver von Alpendohle und Kolkrabe beobachtet hat, wird sich der damit verbundenen Geräusche erinnern.

**1** Balzende Bekassinen lassen im Flug in Abständen ein meckerndes Geräusch hören. Es wird von den abgespreizten Schwanzfedern erzeugt.

**2** Wenn Blässhühner auffliegen, nehmen sie auf der Wasseroberfläche Anlauf – und das ist recht weit zu hören.

Da Vogelstimmen der Verständigung dienen, sind sie das ganze Jahr über zu hören. Das gilt vor allem für die Rufe. Gesänge dagegen erklingen überwiegend vor und zu Beginn der Brutzeit, da sie vor allem der Markierung und Verteidigung eines Reviers und dem Anlocken eines Brutpartners dienen.

**Jahreslauf** Untersucht man die Gesangsaktivität im Jahreslauf, so stellt man bisweilen nicht ein einziges Maximum fest, sondern mehrere. Das lässt sich damit erklären, dass viele Arten während eines Jahres mehr als nur eine Brut aufziehen und im Herbst noch einmal „in Stimmung kommen". Manche Vogelarten singen also nicht nur im Frühling, sondern auch zu anderen Jahreszeiten; nur wenige Monate im Jahr sind ganz ohne Vogelgesang.

## Schon im Winter geht's los

Knapp 15 cm lang wird die Heckenbraunelle, ein Vogel, der weder durch seine Färbung, noch durch seinen Gesang sonderlich auffällt. Die Oberseite ist dunkelgrau mit schwarzen Längsstreifen, die Unterseite ist schiefergrau. Kopf und Hals sind ebenfalls schiefergrau, und dies hat zu dem volkstümlichen Namen „Bleikehlchen" geführt. Männchen und Weibchen sind gleich gefärbt. Heckenbraunellen treten stets einzeln auf und fast immer in der Nähe von Deckung.

Der ausgehende Winter, die Zeit zwischen Mitte Januar bis Anfang/Mitte März, ist die richtige Zeit, mit Vogelstimmenexkursionen zu beginnen. Zum einen sind erst relativ wenige Stimmen zu hören, und zum anderen sind Laubbäume und -sträucher noch kahl, so dass man die Vögel leicht entdecken und nach äußerlichen Merkmalen bestimmen kann.

Als Jahresvogel macht sich beispielsweise der **Waldkauz** *(Strix aluco)*, eine mittelgroße, braune Eule mit rundem Kopf ohne Federohren und großen, dunklen Augen, oft schon früh im Jahr bemerkbar. Die „langgezogenen, unheimlich heulenden Strophen" des Gesanges beginnen typischerweise mit einem langgezogenen „huu", dem nach einer kurzen Pause ein gereihtes „u-u-u-u" folgt. Daneben erklingen gellende „kuwick"-Rufe und bei Aggression ein hartes „kwitt".

Auch der **Zaunkönig** *(Troglodytes troglodytes)* ist oft schon mitten im Winter zu hören. Der rundliche, braune Vogel ist zwar winzig, hat aber einen auffallend lauten und nicht zu überhörenden Gesang: eine Reihe schmetternder Töne, in die Roller eingeschoben sind, und die mit einem höheren, scharfen Ton endet. Fast immer wird der Gesang von einer exponierten Warte (Baumwipfel, Baumstubbe, freier Ast) aus vorgetragen. Als Rufe hört man ein lautes und hartes „zick-zick-zick", bei Erregung auch ein schnurrendes „zerr".

Die **Heckenbraunelle** *(Prunella modularis)* wiederum fällt weder durch ihre Färbung noch durch ihren Gesang sonderlich auf. Der Gesang ähnelt in der Struktur dem des Zaunkönigs, nur ist er wesentlich leiser und fließender. Oft schon im ausgehenden Winter hört man die auf- und absteigende Folge von Tönen ohne Roller und Schmettern. Als Rufe ertönen ein hohes, pfeifendes „zieht" und ein feines rasch aufeinander folgendes „di-di-di".

# Beobachtungskalender

Das ganze Jahr über kann man interessante Vogelbeobachtungen machen. Der Vorfrühling mit den ersten Vogelstimmen hat seinen Reiz, aber auch die Brutzeit der Vögel mit den vielfältigen Fortpflanzungsaktivitäten. Im Frühsommer werden die Jungvögel flügge und unternehmen die ersten Streifzüge durch ihren Lebensraum. Zur Zugzeit (Herbst und Frühling) und im Winter lassen sich Vögel beobachten, die im Gebiet nicht brüten, und vor allem treten manche Arten dann oft in eindrucksvollen Zahlen auf.

Der Zaunkönig ist ein kleiner, rundlicher, brauner Vogel mit fast ständig gestelztem Schwanz. Er ist äußerst lebhaft, und sein auffallend lauter Gesang ist schon im ausgehenden Winter zu hören.

## Januar / Februar

- Die überwinternden mitteleuropäischen Vogelarten und die Überwinterer aus dem Norden bestimmen das Bild.
- In Parks und Wäldern beginnen die ersten Vogelarten zu singen: Waldkauz, Heckenbraunelle, Kohlmeise, Zaunkönig. Es sind auch schon die ersten trommelnden Spechte (z. B. Grauspecht) zu hören.
- Daran denken, dass man seine Kenntnisse nach aller Erfahrung zu Beginn eines jeden Jahres etwas auffrischen muss. Da noch recht wenige Stimmen zu hören sind, sollte man jetzt mit seinen Beobachtungen beginnen. Zudem sind die Laubbäume und -sträucher noch kahl, so dass man die Vögel, die man hört, auch leicht entdecken und optisch bestimmen kann.
- An der Nord- und Ostseeküste sind nordische Wasservögel wie Prachttaucher, Trauerente und Eisente, aber auch nordische Watvögel (Limikolen) wie Sanderling, Meerstrandläufer, Pfuhlschnepfe und Steinwälzer zu beobachten. Auch nach nordischen Kleinvögeln wie Ohrenlerche, Berghänfling und Schneeammer Ausschau halten.
- Balz und Paarung bei den Enten. An den Binnengewässern (Parkteichen!) sind interessante Verhaltensbeobachtungen zu machen, und natürlich gehen die Aktivitäten mit den entsprechenden Lautäußerungen einher.
- Im späten Februar beginnen bereits Graureiher, Kiebitz und Waldkauz zu balzen.

Im März/April ist an unseren Seen die Balz des Haubentauchers zu beobachten.

## März / April

- Rückkehr der Brutvogelarten, die im südlichen Europa und in Afrika überwintert haben.
- Auf die Vogelstimmen vor allem der Singvögel achten (kennen lernen, Tonaufnahmen machen).
- Beginn der Brutzeit vieler Vogelarten, im April auch schon erste Jungvögel (Graureiher).
- Fortpflanzungszeit verschiedener mitteleuropäischer Lurche (Amphibien): Erdkröte, Grasfrosch und Moorfrosch. An den Laichgewässern sind interessante Beobachtungen – und eigene Tonaufnahmen – zu machen.
- Kraniche rasten auf ihrem Zug nach Norden für einige Zeit an der mecklenburgischen Ostseeküste.
- Ab April (bis in den Mai hinein) starker Durchzug von Watvögeln (Limikolen) wie Goldregenpfeifer, Alpenstrandläufer und Knutt an den Küsten.
- Zeit für Beobachtungen im Mittelmeerraum gut geeignet.

# Beobachtungskalender

## Mai / Juni

▸ Ankunft der letzten mitteleuropäischen Sommervögel aus den südlicher gelegenen Winterquartieren.

▸ Beste Zeit, die Stimmen der Vögel kennen zu lernen, bei allerdings großer Artenfülle; gegen Ende Juni nimmt die Gesangsaktivität deutlich ab.

▸ Brutzeit bei den einheimischen Vogelarten, viele Jungvögel sind zu beobachten.

▸ Fortpflanzungszeit von Lurchen (Amphibien) wie Rotbauchunke, Europäischer Laubfrosch und Wasserfrosch.

▸ Sehr zu empfehlende Reisezeit.

▸ Ab Juni gute Zeit für Vogelbeobachtungen in Skandinavien und anderen nördlich gelegenen Gebieten.

An ihrem geraden Stocherschnabel ist die Bekassine gut zu erkennen. Sie ist ein Bewohner von Feuchtgebieten und kommt in Mitteleuropa sowohl als Brutvogel als auch auf dem Durchzug vor.

## Juli / August

▸ Die Brutzeit der Vögel geht zu Ende. Gesänge sind kaum noch zu hören.

▸ Einsetzende Mauser bei verschiedenen Vogelarten.

▸ Gute Zeit für Bergwanderungen in den Alpen. Auf die typischen Vogelarten (z. B. Alpenschneehuhn, Bergpieper, Alpenbraunelle, Ringdrossel, Tannenhäher, Alpendohle, Schneefink) besonders achten.

▸ Im Juli volle Aktivität an den Vogelfelsen im Norden.

▸ Im Juli bereits Einsetzen des Durchzuges von nordischen Watvögeln (Limikolen) an der Nord- und Ostseeküste.

▸ Im August einsetzender Kleinvogelzug: Erste Arten aus dem Norden tauchen in Mitteleuropa auf; erste mitteleuropäische Sommervögel setzen sich nach Süden in Richtung Winterquartier ab.

## September / Oktober

▸ Eintreffen der Wildgänse aus den Brutgebieten im Norden.

▸ Höhepunkt des Durchzuges von nordischen Watvögeln (Limikolen) an den Küsten von Nord- und Ostsee, im Oktober ausklingend. Im Oktober beste Zeit für Kranichbeobachtungen an der mecklenburgischen Ostseeküste.

▸ Letzte mitteleuropäische Sommervögel ziehen ab.

▸ Mitte September setzt die Brunft des Rothirsches ein, in der zweiten Oktoberhälfte die des kleineren Damhirsches. Zeit für den Besuch eines Wildparks, um die Stimmen dieser beiden Hirscharten kennen zu lernen – und selbst aufzunehmen.

Kraniche sind nicht zu übersehen und zu -hören, vor allem dann nicht, wenn sie zur Zugzeit in großen Trupps auftreten.

## November / Dezember

▸ Klein- und Watvogelzug sind abgeklungen; die Jahresvögel und die Wintergäste beherrschen das Bild.

▸ Wanderungsbewegungen der Vögel entsprechend den Lebensbedingungen, z. B. Ausweichen, wenn Binnengewässer oder küstennahe Meeresgebiete zufrieren (oft Massierungen von Wasservögeln an noch eisfreien Stellen).

▸ Die richtige Zeit, die das Jahr über gemachten Beobachtungen und Tonaufnahmen zu ordnen und neue Aktivitäten zu planen.

Wenn es auch weit verbreitet ist, dass die Vogelmännchen zu Beginn der Fortpflanzungszeit ein Revier besetzen und dieses akustisch markieren und damit gleichzeitig ein Weibchen anzulocken versuchen, so gibt es doch auch andere Formen der Partnersuche.

Beim **Birkhuhn** *(Tetrao tetrix)* beispielsweise, einem Bewohner von Moor- und Heidegebieten, findet im zeitigen Frühjahr eine Gruppenbalz statt. Mehrere der glänzend blauschwarz gefärbten Hähne finden sich am Balzplatz ein und lassen dann zischende „tschuich"-Rufe hören. Beim so genannten Kullern, das weit zu hören ist, tragen sie den Hals nach vorne ausgestreckt. Irgendwann tauchen am Balzplatz die unscheinbar bräunlich gefärbten Hennen auf und lassen sich begatten. Die Eier bebrüten die Hennen dann alleine, und sie ziehen auch die Küken ohne die Hilfe des Hahns auf.

Ähnlich geht es bei dem deutlich größeren Auerhuhn *(Tetrao urogallus)* zu. Dieser große Hühnervogel besiedelt vor allem ruhige Misch- und Nadelwälder mit reichlichem Unterwuchs. Die Hähne zeigen eine imposante Balzzeremonie mit Knappen, Hauptschlag und Schleifen; die fünf bis sechs Sekunden lange Folge kann man mit „telak-telak-telak-tik-tik-titock-tsischeddedde-schischeddedde" übersetzen. Was folgt, gleicht dem Birkhuhn: Irgendwann tauchen die Hennen am Balzplatz auf, lassen sich begatten und sorgen dann alleine für den Nachwuchs.

**Tageslauf** Untersucht man die akustische Aktivität der Vögel im Tageslauf, so stellt man fest, dass Rufe fast zu jeder Tageszeit zu hören sind. Selbst in der Nacht sind bisweilen Vogelrufe zu vernehmen. Gesänge hört man auch fast den ganzen Tag über. Insgesamt sind Maxima in der Morgen- und Abenddämmerung festzustellen; in den Mittagsstunden und in der Nacht ist es meist ruhig. Arten, die tagsüber fast durchgehend singen, sind beispielsweise die Kohlmeise, der Buchfink und die Goldammer. Die Amsel wiederum singt vor allem morgens und abends, kaum aber tagsüber, während die Nachtigall tatsächlich auch nachts singt.

**Die Balz des Birkhuhns ist ein optisch und akustisch sehr eindrucksvolles Naturschauspiel – das allerdings in Mitteleuropa kaum noch zu beobachten ist, weil die Bestände der Art drastisch geschrumpft und stellenweise ganz erloschen sind.**

Das Auerhuhn ist der größte europäische Hühnervogel überhaupt. Die Hähne werden 86 cm lang, die Hennen bleiben mit 61 cm Länge deutlich kleiner. Das Gefieder des Hahnes (Foto) ist dunkelgrau bis schwarz mit glänzend blaugrünen Partien. In den Flügeln sieht man auch Brauntöne, der Flügelbug ist weiß. Über dem Auge liegen nackte, rote Hautstellen („Rosen"), die zur Balzzeit am kräftigsten entwickelt sind. Während der ausgedehnten Balzzeremonie mit Knappen, Hauptschlag und Schleifen werden der Kopf mit dem weißlichen Schnabel und dem schwarzen Kinnbart nach oben gereckt und der relativ lange, abgerundete Schwanz aufgestellt.

Jedem Vogelfreund sei empfohlen, zu Beginn der Brutzeit so oft wie möglich ganz früh hinauszugehen und das „Erwachen der Natur" mitzuerleben. Besonders in abwechslungsreich bepflanzten Parks und in naturnahen Wäldern kann man von Mitte April bis Ende Mai ein regelrechtes **Vogelkonzert** hören, an dem eine Vielfalt von Vogelarten beteiligt ist. Die einzelnen Arten beginnen aber nicht alle gleichzeitig zu singen, sondern zu unterschiedlichen Zeitpunkten. In einem Beispiel für so eine „Voguluhr" setzten nacheinander ein: Kuckuck (bereits um Mitternacht), Ringeltaube, Amsel, Rotkehlchen, Singdrossel, Nachtigall, Kohlmeise, Zaunkönig, Heckenbraunelle, Buchfink, Grünfink und Star.

Abfolgen wie diese gelten aber nicht streng, und die Intensität ist nicht immer gleich. Denn auf die Gesangsaktivität wirkt eine Vielzahl von Faktoren ein. Das Wetter beispielsweise beeinflusst Vögel ziemlich stark: Klarer Himmel und Wärme wirken positiv, Regen und Wind negativ. Der wichtigste Faktor ist aber die Helligkeit, die wiederum von der Jahreszeit und der Witterung abhängt.

## Quiz 3

Unter Nr. 45 hören Sie auf der CD zwei verschiedene Vogelstimmen. Welche Arten sind zu hören?

(Lösung auf Seite 46, Nr. 45)

# Vogelstimmen kennen lernen

Die Frage, wie man nun selbst Vogelstimmen kennen lernt, stellt sich für jeden Vogelkundler schon bald, nachdem er sich in der Vogelwelt einigermaßen auskennt. Denn es ist beispielsweise ausgesprochen schwierig, draußen Zilpzalp und Fitis (und die anderen Laubsänger) mit dem Fernglas auseinander zu halten. Hört man dagegen die Gesänge, ist die Bestimmung kein Problem mehr (s. Seite 11). Ähnliches gilt für die optisch ebenfalls einander sehr ähnlichen Rohrsänger. Man kann die akustischen Äußerungen also wie morphologische Merkmale nutzen. Auf die Anwesenheit vieler Arten wird man zudem erst dadurch aufmerksam, dass man ihre Rufe oder Gesänge hört.

## Wiederholung ist das beste Rezept

Die nach wie vor beste, weil einprägsamste Methode, Vogelstimmen kennen zu lernen, ist, selber hinauszugehen und zu beobachten und hinzuhören. Im Vordergrund wird zunächst die Artbestimmungen nach sichtbaren Merkmalen stehen, in den meisten Fällen mit Hilfe von Fernglas und Vogelführer. Wenn man seine Beobachtungen mit dem Gehörten verknüpft, werden sich die verschiedenen Arten nach und nach einprägen.

Man kann auch versuchen, anhand von Büchern die eine oder andere Vogelstimme kennen zu lernen. Oben wurde ja schon gesagt, auf welchem Weg Vogelstimmen visuell darzustellen sind (s. Seite 17). Hat man draußen einige Erfahrung gesammelt, wird man mit den Beschreibungen von Stimmen in Vogelführern auch etwas anfangen können, dennoch werden stets Unsicherheiten bleiben.

### Tipp

**Wie erfährt man etwas über geführte Vogelstimmenexkursionen?**

- bei Naturschutzorganisationen bzw. deren Ortsgruppen nachfragen
- die Veranstaltungsprogramme örtlicher Umwelt- und Naturschutzzentren und Naturkundemuseen durchsehen
- auf Ankündigungen in der Tagespresse achten
- bei Touristeninformationen erkundigen

Eine weitere gute Methode: Man geht mit einem Kundigen nach draußen und lässt sich von ihm die Stimmen erklären. Auf den Exkursionen, die von Vogelschutzvereinen an vielen Orten angeboten werden, hat jeder Interessierte eine gute Möglichkeit, sich in das Gebiet einzuarbeiten.

Ein sehr sinnvoller Mittelweg ist es, sich anhand von CDs, Tonkassetten, Tonbändern oder Schallplatten in das Gebiet der Vogelstimmenkunde einzuarbeiten. Mit Hilfe der genannten Medien kann man sich die Stimmen in den eigenen vier Wänden anhören und einzuprägen versuchen. Man kann CDs oder Kassetten aber auch im Auto abhören und sich lange Fahrten ebenso kurzweilig wie lehrreich gestalten. Und schließlich sollte man im Zeitalter des Walkmans daran denken, dass man mit Hilfe dieser handlichen Geräte eine gehörte Vogelstimme vor Ort mit der CD- oder Kassettenaufnahme vergleichen kann.

Während einer geführten Gemeinschaftsexkursion hat man vielfältige Gelegenheit, die in dem betreffenden Gebiet vorkommenden Vögel und deren Stimmen näher kennen zu lernen.

Wer die ersten Schritte in der Vogelstimmenkunde gemacht hat, wird von diesem neuen Hobby – hoffentlich – so angetan sein, dass er bald gezielt auf Exkursion geht, um seine Kenntnisse zu erweitern. Es macht einfach Freude, markante Vogelstimmen aus anderen Lebensräumen kennen zu lernen, denen man bisher in der engeren Umgebung noch nicht begegnet ist. Aber welche Lebensräume bieten sich für die nächsten Schritte an, welche sind besonders „ergiebig"? Und wo liegen Gebiete, in denen man bisher noch unbekannte Arten antreffen kann?

**Dorf und Stadt** In der Stadt, dem „Lebensraum", an den viele Menschen mehr oder weniger gebunden sind, mag es auf den ersten Blick nicht viele Vögel geben, aber gerade weil die Artenvielfalt nicht sehr groß ist, kann man die dort vorkommenden Arten besonders gut kennen lernen und sich dauerhaft einprägen.

## Vor der eigenen Haustür beginnen

Der wohl häufigste Stadtvogel ist die **Haustaube** *(Columba livia f. domestica)*, die domestizierte Form der Felsentaube. Das typische „u-ru-ku"-Gurren ist erhalten geblieben, und man sollte es sich gut einprägen, denn in Parks und vor allem in Wäldern leben zwei weitere Taubenarten, die für den Ungeübten ähnlich klingen mögen: die **Ringeltaube** (s. Seite 28).

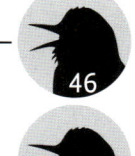

Auch wenn man erstere mittlerweile in der Stadt antreffen kann, so tritt dort eher die Türkentaube *(Streptopelia decaocto)* auf. Deren Gesang klingt wie „ku-ku-ku", wobei die zweite Silbe betont ist. Das Männchen zeigt auch einen Balzflug mit zwei bis drei raschen Flügelschlägen, denen eine Gleitphase folgt. Als Warnruf hört man ein kurzes „rru", und vor allem im Flug auch ein heiseres „chräi". Bei plötzlichem Auffliegen ertönt Flügelklatschen, und auch das singende Flügelgeräusch ist typisch.

**1** Fliegender Mauersegler

**2** Junge Rauchschwalben im Nest

**3** Haussperlingsmännchen

Der **Mauersegler** *(Apus apus)* ist an den langen, sichelförmigen Flügeln und dem kurzen, gegabelten Schwanz zu erkennen. Man hört ein schrilles, langgezogenes „sriih", aber auch mehrsilbige Rufe. Die Art ist laut und auffällig, vor allem, wenn die Vögel abends in Trupps in reißendem Flug um die Häuser herum jagen.

Nicht zu verwechseln mit dem Mauersegler sind die Schwalben, deren Flug flatternder wirkt. Die **Mehlschwalbe** *(Delichon urbica)* mit der metallisch blauschwarzen Oberseite, der durchgehend weißen Unterseite und dem auffälligen weißen Bürzel ruft „prrt" oder „dschrrb". Ihr Gesang ist unauffällig und zwitschernd. Von der Rauchschwalbe *(Hirundo rustica)* hört man ein helles „witt-witt", bei Gefahr ein durchdringendes „tswitt", das auch gereiht wird. Ihr Gesang ist ein nicht sehr lautes, plauderndes Gezwitscher, in das harte, schnurrende Laute eingebaut sind.

Ein typischer „Stadtstreicher" – biologisch korrekt spricht man von einem Kulturfolger – ist der **Haussperling** oder **Hausspatz** *(Passer domesticus)*. Er tritt meist gesellig auf, und typisches Tschilpen ertönt, daneben abwechslungsreiche Laute. Aus diesen Elementen setzt sich auch der Gesang zusammen.

Mehr ein Vogel der offenen Landschaft ist der Feldsperling oder Feldspatz *(Passer montanus)*. Seine Rufe klingen härter als beim Haussperling: „tschick" oder „tek-tek-tek", auch hell „twit". Der Gesang setzt sich aus diesen Tönen zusammen – ein schnelles Tschilpen.

## Checkliste

### Ausrüstung für eine Vogelstimmenexkursion

- ▸ Fernglas (8- bis 10-fache Vergrößerung)
- ▸ für weitläufige Gebiete (z. B. Seen, Küste) zusätzlich: Fernrohr (30- bis 60-fache Vergrößerung) mit Regenhülle und festem Stativ
- ▸ Vogelbestimmungsbuch
- ▸ ggf. Walkman und Kassette/CD mit Aufnahmen der im Gebiet potenziell vorkommenden Vogelarten
- ▸ Notizbuch mit Bleistift/Kugelschreiber und/oder Diktiergerät (ggf. mit Ersatzkassetten)
- ▸ Beutel, Dosen/Schachteln für kleine Funde (z. B. Federn)
- ▸ je nach Gebiet: Wanderkarte und Kompass
- ▸ ggf. Rekorder und Mikrofon für eigene Tonaufnahmen

**Wälder** Will man seine Streifzüge ausdehnen, so bieten sich Parks mit Busch- und Baumbestand und die Wälder der Umgebung an. Allerdings ist es oft nicht einfach, in dicht belaubten Bäumen und Sträuchern die Urheber der Stimmen zu Gesicht zu bekommen, und Geduld ist oft angesagt.

Die **Ringeltaube** *(Columba palumbus)* wird deutlich größer als die Haustaube und die Türkentaube. Ihr Gurren ist eine Reihe von fünf oder sechs Tönen, von denen der zweite oder dritte betont wird: etwa „ku-ku-ru-ku-ku". Bei seinem auffälligen Balzflug steigt der Tauber 20 bis 30 m hoch und gleitet dann mit gestreckten Flügeln und gespreiztem Schwanz abwärts; vor der Gleitphase hört man oft ein Flügelklatschen. Der Balzflug wird oft zwei- bis fünfmal wiederholt. Ein lautes Klatschen der Flügel hört man im Übrigen auch häufig, wenn Ringeltauben abfliegen.

Der Gesang der recht ähnlichen Hohltaube *(Columba oenas)* klingt dagegen wie „hu-ru" oder „huh-hup", wobei die erste Silbe betont wird. Bei Störung hört man auch ein kurzes „ru".

Das **Rotkehlchen** *(Erithacus rubecula)* ist optisch ganz eindeutig zu identifizieren. Man achte auf die Rufe: ein scharfes „zick", oft zu einem „Schnickern" gereiht, daneben ein dünnes „zieh". Der abwechslungsreiche Gesang wird fast immer von einer exponierten Singwarte aus vorgetragen und ist „etwas fürs Herz": Er beginnt mit hohen, scharfen Tönen, endet mit flötenden und perlenden, abfallenden Passagen und wirkt insgesamt etwas schwermütig. Beim Rotkehlchen singen übrigens Männchen und Weibchen, vor allem in der Dämmerung, aber auch tagsüber, und der Gesang ist schon im ausgehenden Winter zu hören.

Bei der **Mönchsgrasmücke** *(Sylvia atricapilla)* hat das Männchen eine glänzendschwarze, das Weibchen eine rotbraune Kopfplatte – eindeutige Bestimmungsmerkmale. Ansonsten lebt der Vogel recht versteckt und fällt meist erst durch seine Stimme auf. Die Rufe klingen wie „täck täck"; bei Erregung werden die Rufe wiederholt und klingen dann auch schnarrend. Der Gesang ist ein nicht sehr langes, reichhaltiges Zwitschern, das oft mit einem lauten „Überschlag" aus reinen Flötentönen beendet wird.

Der **Kleiber** *(Sitta europaea)*, ein gedrungen gebauter Vogel mit einem kurzen Schwanz, kann als einziger mitteleuropäischer Vogel auch stammabwärts laufen. Das laute, metallische „twiht, twiht", aber auch trillernde „tsirr"-Laute sind

1 Auf einem Zweig singendes Rotkehlchen

2 An einem Baumstamm kopfüber kletternder Kleiber

3 Ein Mönchsgrasmückenmännchen, anhand der glänzendschwarzen Kopfplatte gut zu erkennen

## Tipp

**Lohnende Beobachtungsgebiete, ökologisch betrachtet**

- Friedhöfe mit viel altem Baumbestand und verwilderten Teilen
- Stadtparks mit unterschiedlich altem Baumbestand, viel Unterwuchs und verwilderten Teilen
- Stadtgewässer mit reichhaltigem Bewuchs am Ufer
- abwechslungsreiche Wälder mit unterschiedlich altem Baumbestand (auch Totholz) und viel Unterwuchs
- offene Landschaften mit einem Mosaik von Wiesen, Feldern, Hecken und Feldgehölzen
- aufgelassene, verwachsene Kiesgruben
- Gewässer unterschiedlichen Charakters als Rast- und Überwinterungsgebiete für Wasservögel

in Gärten und Parkanlagen, vor allem aber in Laubwäldern zu hören. Die einzelne Strophe des auffälligen Gesanges klingt wie „wiwiwi" oder „plü-plü-plü".

Der einzige der recht unscheinbar gefärbten Pieper, der regelmäßig im Wald (lichte Bestände, Lichtungen, Kahlschläge) anzutreffen ist, ist der **Baumpieper** *(Anthus trivialis)*. Der laute und wohlklingende Gesang setzt sich aus langen Trillern zusammen, die oft – aber nicht immer! – in einem charakteristischen „zia-zia-zia" enden. Er wird entweder von einer erhöhten Singwarte aus vorgetragen oder aber im Singflug, bei dem der Pieper von der Singwarte aufsteigt und dann wie ein kleiner Fallschirm mit ausgebreiteten Flügeln langsam niedergleitet.

**Wiesen und Felder**  Geht man in die offene Landschaft mit Wiesen, Feldern und eingestreuten Hecken und Feldgehölzen hinaus, lernt man weitere Vogelarten kennen. Oft wird es gelingen, die Vögel nicht nur zu hören, sondern auch zu sehen, so dass eine Bestimmung nach äußerlichen Merkmalen möglich sein sollte.

Der häufigste und bekannteste mitteleuropäische Greifvogel ist der **Mäusebussard** *(Buteo buteo)*. Im Flug ist er an dem kurzen Hals, den breiten, abgerundeten Flügeln und dem relativ kurzen Schwanz zu erkennen. Typisch ist sein miauendes „hiäh". Man hört es am häufigsten in der Paarungszeit, vor allem beim Schauflug über dem Brutrevier.

Typische Vögel von Wiesen und Feldern:

1 Über der offenen Landschaft segelnder Mäusebussard

2 Am Boden sitzende Feldlerche

3 Auf einer Zweigspitze singendes Bluthänflingsmännchen

4 Saatkrähen in ihrer Brutkolonie

Der **Fasan** (Phasianus colchicus) ist kein „echter" Mitteleuropäer, er wurde bei uns schon vor Jahrhunderten eingebürgert. Bei Gefahr versuchen sich diese Hühnervögel zunächst zu Fuß in Sicherheit zu bringen. Dann aber fliegen sie doch polternd auf und rufen dabei laut „gock-gock". Zur Balzzeit (ab Mitte März) zeigen die Hähne Flattersprünge und Rivalenkämpfe, die interessant zu beobachten sind.

Etwas größer als ein Sperling wird die bodenfarbige **Feldlerche** (Alauda arvensis). Auffällig ist ihr trillernder Gesang. Dabei sieht man die Lerche singend aufsteigen. Nach dem Aufstieg rüttelt sie eine Zeitlang singend in der Luft, um dann herabzuflattern. Der Gesang bricht erst kurz vor der Landung ab. Ein schönes Beispiel für einen Singflug, wie ihn auch der Girlitz (s. Seite 16) und der Baumpieper (s. Seite 29) zeigen!

Ein hübscher Singvogel der offenen Landschaft ist der **Bluthänfling** (Acanthis cannabina). Die Männchen haben in der Brutzeit einen kastanienbraunen Rücken; Scheitel und Brust sind karminrot (Name!). Fliegende Vögel rufen „geckeckeck". Der Gesang ist eine abwechslungsreiche Folge von harten und weichen Tönen, die in Triller und Pfeiftöne übergeht.

Wie ihr Name sagt, herrscht im Gefieder der **Goldammer** (Emberiza citrinella) Goldgelb vor. Den Gesang kann man sich leicht einprägen: Die „zizizizi-zihe" klingende Strophe kann man mit „wie, wie, wie hab ich dich lieb" oder anderen Merkversen übersetzen (s. Seite 15). Insgesamt unscheinbar graubraun gefärbt ist die etwas größere Grauammer (Emberiza calandra). Meist wird man erst durch den Gesang auf den Vogel aufmerksam; er klingt wie „zickzickzickzick schnirrrps".

Der deutsche Name Krähe leitet sich von der Stimme der Rabenvögel ab: „kraah". Die **Saatkrähe** *(Corvus frugilegus)* mit der hellen Schnabelwurzel hat es gerne gesellig. Im Winter sieht man sie fast nur in mehr oder weniger großen Trupps, und an den regelmäßig aufgesuchten Schlafplätzen kommen oft Hunderte oder gar Tausende von Vögeln zusammen. Saatkrähen brüten auch stets zusammen mit Artgenossen. Sowohl die Schlafplätze als auch die Brutkolonien halten schöne akustische Erlebnisse bereit. Das typische „kraah" ist allerdings bei der nah verwandten Aaskrähe *(Corvus corone corone)* fast besser herauszuhören.

Vergesellschaftet mit Krähen tritt bisweilen die Dohle *(Corvus monedula)* auf. Typisch sind die „kjack"-Rufe, und vor allem ein ganzer Schwarm bietet ein schönes optisches und akustisches Erlebnis.

**Sumpf und Moor** Feuchtgebiete sind in Mitteleuropa großflächig der Umgestaltung der Landschaft zum Opfer gefallen. Die noch vorhandenen sind oft wenig erschlossen und deshalb wichtige Rückzugsgebiete für interessante Vogelarten. In vielen Fäl-

## Tipp

**Wie findet man lohnende Beobachtungsgebiete in der näheren Umgebung?**

▸ Hinweise von anderen Vogelfreunden und von Ornithologen
▸ an von Naturschutzverbänden organisierten Exkursionen teilnehmen
▸ von Touristenbüros und von örtlichen im Natur- und Vogelschutz tätigen Vereinen herausgegebene Prospekte und Broschüren durchsehen
▸ Anzeigen in den von den Naturschutzverbänden herausgegebenen Mitgliederzeitschriften prüfen
▸ Bücher lesen
▸ (regionale) Radio- und Fernsehsendungen auswerten

len muss man sich an die Wege halten, oder Flächen sind gänzlich unzugänglich. Als Vogelbeobachter wird man deshalb bisweilen ein Fernrohr zu Hilfe nehmen müssen.

Der fast durchgehend grau gefärbte **Kranich** *(Grus grus)* ist mit über zwei Metern Spannweite einer der größten Vögel Europas. Sein mitteleuropäischer Bestand hat glücklicherweise in den letzten Jahren zugenommen. In Skandinavien gibt es auch noch gute Bestände, und auf dem Weg von und zu den dortigen Brutplätzen ziehen Kraniche in Mitteleuropa regelmäßig durch. Von ziehenden oder rastenden Kranichen hört man häufig ein lautes „kru-kru".

**1** Kraniche brüten in Feuchtgebieten, zur Zugzeit rasten sie auf Wiesen und Feldern.

**2** An dem langen, nach unten gebogenen Stocherschnabel ist der Große Brachvogel gut zu erkennen.

Typische Bewohner von Feuchtgebieten sind die Watvögel oder Limikolen. Von der **Uferschnepfe** *(Limosa limosa)* mit den langen Stelzbeinen und dem schlanken Stocherschnabel hört man als Gesang – meist im Flug vorgetragen – ein anhaltendes, gellendes „grütte-grütte-grütte" oder „gruitu-gruitu-gruitu". Daneben verfügt die Schnepfe über ein Spektrum von Rufen.

Ebenfalls zu den Watvögeln zählt der **Große Brachvogel** *(Numenius arquata)*. Er lässt volltönende „tlü"-Flötenrufe hören, zur Balzzeit auch eine ansteigende Reihung dieser Rufe mit abschließendem Roller. Als weitere Watvogel-Arten kann man in Feuchtgebieten den Kiebitz (s. Seite 20), die Bekassine (s. Seite 20) und den Rotschenkel (s. Seite 35) beobachten – und hören. Moorgebiete sind zudem der Lebensraum des Birkhuhns, dessen Gruppenbalz ein beeindruckendes Naturschauspiel ist (s. Seite 24).

**Stehende und fließende Gewässer** An fast allen Arten von Gewässern kann man damit rechnen, Vögeln zu begegnen, und so lohnt sich ein Besuch zur Brutzeit, vor allem aber zur Zugzeit und im Winter fast immer. Ohne ein Fernrohr kommt man allerdings an größeren Weihern und an Seen kaum aus, vor allem wenn es darum geht, die in weiter Entfernung auf dem Wasser ruhenden Enten zu unterscheiden.

Der kleine, rundliche **Zwergtaucher** *(Tachybaptus ruficollis)* lebt zur Brutzeit recht versteckt, und oft wird man dann nur durch die Stimme auf ihn aufmerksam. Als Alarmruf hört man ein scharfes „pit". Charakteristisch ist aber ein kurzes, helles Trillern, das zu allen Jahreszeiten, besonders aber in der Paarungszeit, zu hören ist: „bi bi bi bi". Es wird oft im Duett vorgetragen, also von Männchen und Weibchen gemeinsam.

Der **Graureiher** *(Ardea cinerea)* ist in beiden Geschlechtern überwiegend so gefärbt, wie er heißt, nämlich grau. Man hört von dem Lauerjäger krächzende, raue Rufe, die wie „kräik" oder auch „grak" klingen. In den Brutkolonien hört man daneben auch die Stimmen der Jungvögel in den Horsten.

**1** Zur Brutzeit ist der Zwergtaucher recht heimlich. Sein helles Trillern ist aber kaum zu überhören.

**2** Als Lauerjäger steht der Graureiher oft sehr lange unbeweglich an einem Fleck – um dann plötzlich zuzustoßen.

1  Die Graugans brütet an Seen und an größeren Weihern.

2  Wegen seiner grünlichen Beine wird das Teichhuhn bisweilen auch Grünfüßiges Teichhuhn genannt.

Nicht erstaunen darf den Vogelbeobachter, wenn er an Seen und größeren Weihern das typische nasale „gagagag"-Schnattern von Hausgänsen hört. Er sollte daran denken, dass in Mitteleuropa auch die Wildform brütet, die **Graugans** *(Anser anser)*. Außerhalb der Brutzeit streifen Graugänse weit umher und tauchen dann auch in Trupps (oft vergesellschaftet mit anderen Gänsearten) an der Küste auf.

Überall häufig an stehenden und langsam fließenden Gewässern, auch auf Parkteichen, ist die **Stockente** *(Anas platyrhynchos)*. Typisch und unverkennbar ist das laute „rähb, rähb"; daneben hört man in der Balzzeit ein Spektrum anderer Rufe. Die Stockente ist übrigens die Stammform der Hausente (s. Graugans – Hausgans).

Zur Größenklasse der „kleinen Schwimmenten" gehören zwei Arten mit einer gut zu erkennenden Stimme. Bei der **Knäkente** *(Anas querquedula)* lassen die Erpel ganz charakteristische „klerreb"-Rufe hören. Sie klingen, wie wenn man über einen hölzernen Kamm streicht. Von den Weibchen hört man „knäk"-Rufe, die zum Namen der Art geführt haben mögen (s. Seite 17). Die Erpel der Krickente *(Anas crecca)* wiederum lassen laute „krit"- oder „krilük"-Rufe ertönen, auf die sich der Name der Art bezieht.

Das **Teichhuhn** *(Gallinula chloropus)* lebt recht versteckt; an Gewässern in der Stadt bekommt man es aber durchaus zu Gesicht. Von Männchen und Weibchen hört man ein kräftiges „kürrk" und bei Erregung ein „kickeck" und ein scharfes „ick-ick". Anhand der Stimme ist also die Anwesenheit der Art eindeutig festzustellen.

Das **Blässhuhn** *(Fulica atra)* ist etwas größer als das Teichhuhn und auffälliger. Man hört ein lautes „köw, köw", daneben durchdringende, wie „pix" klingende Rufe und ein stimmloses, kurzes „tsk". Beim Auffliegen nehmen Blässhühner zudem eine längere Strecke auf der Wasseroberfläche Anlauf, was man weithin hören kann (s. Seite 20).

Die typische Möwe des Binnenlandes ist die **Lachmöwe** *(Larus ridibundus)*. Im Brutkleid ist die Art an dem schokoladenbraunen Kopf eindeutig zu bestimmen. Im Winter kommen Lachmöwen (dann nur mit einem dunklen Fleck hinter dem Auge) auch mitten in die Städte, und das ist die Gelegenheit, um sich die recht laute Stimme des Vogels einzuprägen. Rufe klingen wie „kwerr", auch kurz „kek" und hoch „pieh". Zur Brutzeit hört man „rä-grä-grä-krääh-krääh"-Reihen.

Die wie die Rohrsänger bräunlich gefärbten Schwirle sind nur schwer voneinander zu unterscheiden – es sei denn, man zieht die Gesänge als Bestimmungsmerkmal hinzu. Typisch ist ein monotones Schnurren (Name!), das meist in der Morgen- und Abenddämmerung, aber auch nachts zu hören ist und manchmal minutenlang nicht abbricht. Der Gesang des Feldschwirls *(Locustella naevia)* beginnt bisweilen tiefer, um bald auf die endgültige Tonhöhe („sirrr") überzugehen. Der Gesang des **Rohrschwirls** *(Locustella luscinoides)* klingt dagegen tiefer („örrr"). Verwirren könnte den Anfänger die recht ähnliche Stimme der **Wechselkröte** *(Bufo viridis)*.

**An dieser Stelle sei Folgendes zusammengefasst:**
- Vögel singen – häufig versteckt – in Büschen und Bäumen sitzend, ihre Stimmen sind aber auch vom Boden, von Zaunpfählen und vom Wasser aus oder gar im Flug zu hören.
- Bei manchen Arten findet man Balz- und Schauflüge; Beispiele: Mäusebussard, Uferschnepfe, Bekassine, Ringeltaube, Feldlerche, Baumpieper, Girlitz.
- Außer den Singvögeln verfügen auch viele andere Vogelgruppen, von denen man das vielleicht nicht so recht erwartet, über Lautäußerungen; Beispiele: Reiher, Gänse und Enten, Greifvögel, Kranich, Watvögel.
- Manche Vögel bekommt man nur schwer zu Gesicht, wohl aber sind sie öfter zu hören; Beispiele: Rohrdommeln, Rallen, Schwirle, Rohrsänger, Grasmücken, Laubsänger.

## Tipp

**Einige große, lohnende Exkursionsgebiete in Deutschland, in der Schweiz und in Österreich**

- Nationalpark Niedersächsisches Wattenmeer
- Nationalpark Hamburgisches Wattenmeer
- Nationalpark Schleswig-Holsteinisches Wattenmeer
- Nationalpark Vorpommersche Boddenlandschaft
- Dümmer
- Bodensee
- Schweizer Nationalpark
- Nationalpark Hohe Tauern
- Neusiedler See

In einer größeren Kolonie der Lachmöwe ist zur Brutzeit viel zu beobachten – und zu hören.

## Quiz 4

Unter Nr. 71 hören Sie auf der CD zwei verschiedene Vogelstimmen. Singt bei der Stimme 1 ein Bluthänfling, eine Goldammer oder eine Feldlerche? Handelt es sich bei Stimme 2 um eine Saatkrähe, einen Graureiher oder einen Kranich?

(Lösung auf Seite 46, Nr. 71)

Nach und nach wird der Wunsch wach werden, sich auch einmal in Regionen nach Vögeln umzusehen und -zuhören, die eine weitere Anreise erfordern. Mancher wird also seine Ferien dazu nutzen, neue Exkursionsziele aufzusuchen: die Küsten von Nord- und Ostsee, die Alpen, Skandinavien oder das Mittelmeergebiet.

**Küste, Strand und Wattenmeer** Für viele Vogelfreunde, die im Binnenland leben, stehen die Küsten der Nord- und Ostsee als Exkursionsziele weit oben auf der Wunschliste. Zum einen sind dort zur Brutzeit Vogelarten zu beobachten, die im Binnenland nicht vorkommen. Und zum anderen rasten und/oder überwintern an den Küsten diverse Arten aus dem Norden. Dem Vogelfreund bietet sich also ein reiches Betätigungsfeld.

## Spannende Entdeckungen in den Ferien

1 An seiner markanten schwarz-weißen Färbung ist der Säbelschnäbler stets eindeutig zu erkennen.

2 Der Rotschenkel hat – wie sein Name nahe legt – rote Beine.

Ein ganz typischer Vogel der mittel- und nordeuropäischen Meeresküsten ist der **Austernfischer** (Haematopus ostralegus). Der Vogel fällt nicht nur durch sein schwarz-weißes Gefieder, den langen roten Schnabel und die roten Beine auf, sondern auch durch seine Stimme. Der typische Ruf ist ein lautes, weithin hörbares „kliep, kliep", daneben auch kurz „pik, pik". Weiter trillern die Vögel, was sich wie „kewick, kewick, kwick, kwick, kerirr" anhört.

Gleich groß, aber graziler als der Austernfischer ist der auffällig weiß und schwarz gefärbte **Säbelschnäbler** (Recurvirostra avosetta). Er ruft sehr klangvoll „pluit" oder „küt" (bei Erregung gereiht und schriller).

Ein Winzling ist dagegen der **Sandregenpfeifer** (Charadrius hiaticula). Wie eine Federkugel, die an einer Schnur gezogen wird, bewegt sich der Vogel rasch trippelnd am Boden. Als Ruf ertönt ein weiches „tüi", als Gesang ein trillerndes „quitu-wiu".

Bräunlich gefleckt ist das Gefieder des **Rotschenkels** (Tringa totanus), auffällig sind die langen, roten Beine (Name!) und der rote Schnabel mit der schwarzen Spitze. Vor allem ist aber die Stimme ein gutes Bestimmungsmerkmal: Man hört ein flötendes „djüü", auch „djü-dü-dü". Bei Störungen im Brutgebiet schimpft der Vogel laut „gip gip". Dabei sitzt er oft erhöht, beispielsweise auf einem Weidepfahl.

Typische Vögel der Küsten sind die Möwen, und die mittel- und nordeuropäische Möwe schlechthin ist die **Silbermöwe** (Larus argentatus). Von dieser Art hört man vielfältige Lautäußerungen, vor allem ein – auch wiederholtes – „kjau", und bei Störungen am Nest „gagagag"-Warnrufe.

Nah verwandt ist die **Sturmmöwe** (Larus canus). Sie ist kleiner als die Silbermöwe und sieht etwas anders aus. Beide Arten unterscheiden sich auch in der Stimme. Von der Sturmmöwe hört man typischerweise wie „kiä" oder „kia" klingende Rufe.

**Möwen und Seeschwalben sind nicht immer leicht auseinander zu halten:**

**1 Fliegende Silbermöwe**

**2 Brütende Sturmmöwe**

**3 Sein Junges fütternde Küstenseeschwalbe**

Genau hinsehen und -hören muss man auch, wenn es um die Unterscheidung von Heringsmöwe und Mantelmöwe geht. Die Heringsmöwe (Larus fuscus) ist etwa so groß wie die Silbermöwe, aber Rücken und Flügeloberseite sind grauschwarz und die Beine gelb gefärbt. Typischerweise hört man ein recht tiefes „kjau", bei Störungen am Nest „ga-ga-gag"-Warnrufe, und dann fliegen die Vögel Scheinangriffe. Noch tiefer klingt die Stimme der größeren, äußerlich ähnlichen Mantelmöwe (Larus marinus).

Nah mit den Möwen verwandt sind die Seeschwalben. Die **Küstenseeschwalbe** (Sterna paradisaea) ist außer dem hellgrauen Rücken, den hellgrauen Flügeloberseiten und der schwarzen Kopfplatte weiß gefärbt. Der Schnabel und die Beine sind karminrot. Das typische „kirrä" ist auf der ersten Silbe betont. Bei Scheinangriffen ertönt ein „kakakak". Die Stimme der Fluss-Seeschwalbe (Sterna hirundo) ist härter; sie ruft kreischend, abfallend „kri-ääh" oder „kriih-err" und „kirrri" oder „kirri-kirri", daneben auch bei Beunruhigung „kekekek". Insgesamt sind die Stimmen von Küsten- und Fluss-Seeschwalbe recht ähnlich, und man sollte das Fernglas zu Hilfe nehmen.

**Alpen** Exkursionen im Hochgebirge erfordern eine gewisse körperliche Fitness. Es ist sicher keine schlechte Idee, mit einfachen Wanderungen zu beginnen, um dann ehrgeizigere Ziele anzustreben. Die Lebensräume verändern sich mit der Höhe. Weniger Zeit und Aufmerksamkeit mag mancher den Bergwäldern schenken, wenn er andere Waldgebiete bereits ausgiebig erkundet hat. Dennoch sollte man nicht unaufmerksam hindurchwandern, denn dort leben natürlich Arten, die im Flachland nicht zu beobachten sind. „Typisch hochgebirgig" sind aber eher die oberhalb der Baumgrenze liegenden Krummholzgebüsche, Zwergstrauchheiden und Matten und deren Bewohner.

In den Nadelwäldern im Gebirge (und im Norden) lebt der an seinem schokoladenbraunen, weiß getüpfelten Gefieder gut zu erkennende **Tannenhäher** (Nucifraga caryocatactes). Seine Stimme unterscheidet sich von dem in tieferen Lagen vorkommenden **Eichelhäher** (s. Seite 18): Typisch sind schnarrende, laute, wie „krärrr, krärrr" klingende Rufe; der Gesang ist ein abwechslungsreiches Geschwätz.

Höher hinauf geht die **Ringdrossel** oder **Ringamsel** *(Turdus torquatus)*. Sie ist etwas kleiner ist als die **Amsel** (s. Seite 8), zudem ist der weiße, halbmondförmige Ring auf der Brust ein eindeutiges Artmerkmal. Der Gesang setzt sich aus kurzen Flötenstrophen zusammen und erinnert in der Struktur an den der **Singdrossel**, liegt dagegen in der Klangfarbe zwischen dem von Amsel und **Misteldrossel** (s. Seite 8).

Auf Bergwiesen anzutreffen ist der **Bergpieper** *(Anthus spinoletta)*. Man hört von dem unscheinbar gefärbten Vogel dünne „zip"-Rufe, bei Erregung ein „psrieh". Der Gesang besteht aus recht langen Strophen. Sie beginnen „tschri-tschri", fallen dann ab und werden schneller. Der Gesang wird fast immer in flatterndem Singflug vorgetragen. Der Bergpieper singt damit ganz anders als der **Baumpieper** (s. Seite 39). Wieder einmal zeigt sich: Nah verwandte Arten können sehr unterschiedlich singen.

80

3

4

5

81

54

## Tipp

**Wie findet man interessante Exkursionsgebiete in anderen Ländern?**

▸ Eine wichtige Informationsquelle sind die so genannten Reise-Naturführer, von denen in den letzten Jahren verschiedene Reihen erschienen sind. Wie der Name sagt, handelt es sich um Reiseführer, deren inhaltlicher Schwerpunkt auf der Pflanzen- und Tierwelt und den für den Naturfreund interessanten Gebieten liegt. Manche dieser Führer decken ganze Länder ab, andere aber auch lediglich Regionen oder gar noch kleinere Gebiete. Oft enthalten sie zusätzlich einen Bestimmungsteil.

▸ Speziell für Vogelfreunde und Ornithologen erstellt sind Führer, wie sie vor allem im anglo-amerikanischen Sprachraum in einer Vielzahl erhältlich sind. Die Titel lesen sich etwa „Where to watch birds in ..." oder „Birdwatching in ...".

▸ Informationen findet man darüber hinaus in Prospekten und Broschüren von auf Naturerlebnisse spezialisierten Reiseveranstaltern und von Touristenbüros. Vor Ort sollte man sich ebenfalls nach Material umsehen bzw. nach entsprechenden Gebieten fragen.

▸ Reportagen und Filme im Fernsehen bieten manche Anregung. Nach wie vor erfreuen sich Naturthemen der Gunst vieler Zuschauer, und entsprechend oft erscheinen sie in den verschiedenen Programmen.

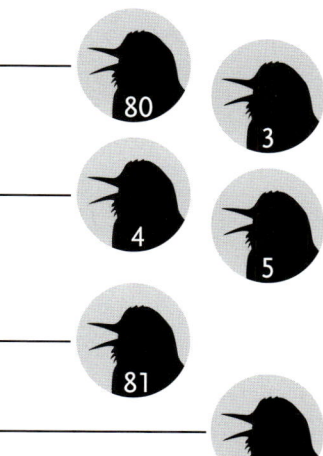

**1** Der Tannenhäher ist ein typischer Bewohner der Bergnadelwälder.

**2** Die Ringdrossel hat einen hellen Ring auf der Brust (Name!).

## Tipp

**Lohnende Exkursionsgebiete in Nord- und Südeuropa**

- Insel Öland / südliches Schweden
- Hornborga-See / südliches Schweden

- Runde (Vogelinsel) / südliches Norwegen
- Dovrefjell-Nationalpark / südliches Norwegen
- Varanger-Halbinsel / nördliches Norwegen

- Skomer und Skokholm (Vogelinseln) / Wales, Großbritannien
- Farne Islands (Vogelinseln) / England, Großbritannien
- Bass Rock (Vogelinsel) / Schottland, Großbritannien
- Fair Isle (Vogelinsel) / Schottland, Großbritannien

- Camargue, Rhônedelta / südliches Frankreich

- Ebrodelta / nördliches Spanien
- Extremadura / Zentralspanien
- Nationalpark Doñana / südliches Spanien

Gefieder schwarz, gebogener, gelber Schnabel, rote Beine – die **Alpendohle** (*Pyrrhocorax graculus*) ist leicht zu erkennen. Sie tritt überall oberhalb der Baumgrenze auf, oft in Trupps. Man hört klirrende, hell trillernde und metallische Rufe. Alpendohlen sind akrobatische Flieger, und oft sind deutliche Flügelgeräusche zu hören.

Der ungeübte Naturfreund mag den **Kolkraben** *(Corvus corax)* mit den **Krähen** verwechseln (s. Seite 31). Eindeutige Merkmale sind aber die Größe, der keilförmige Schwanz und – auf nahe Distanz – der klotzige Schnabel. Zudem ist die Stimme anders: Typisch sind tiefe „korrrk"-Rufe (Name!). Kolkraben lassen aber auch vielfältige andere Rufe und bisweilen deutliche Flügelgeräusche hören und bauen in den leise schwätzenden Gesang Imitationen anderer Vogelstimmen ein.

**1** Ein klotziger Schnabel ist das Kennzeichen des Kolkraben. Im Flug fällt außerdem der keilförmige Schwanz auf. Und mit 64 cm Länge ist der Rabe deutlich größer als die Krähen oder die Alpendohle.

**2** Die Alpendohle hat einen gelben Schnabel und rote Beine. Sie ist ein akrobatischer Flieger und tritt meist in Trupps auf.

1 Der Prachttaucher hält sich fast ständig auf dem Wasser auf. An Land bewegt er sich nur unbeholfen.

2 Der Bergfink ist ein typischer Bewohner der Wälder des Nordens. Wenn in ihrer Heimat die Nahrung knapp wird, kommen Bergfinken als Invasionsvögel nach Mitteleuropa. Dies geschieht in unregelmäßigen Abständen immer wieder.

3 Singschwäne brüten an größeren Gewässern im Norden. Hier folgt eine Flottille von Dunenjungen einem Elternvogel.

**Skandinavien** Die borealen Wälder, die Seen, die Tundra und die Küsten im Norden Europas zu erkunden, ist der Wunsch vieler Vogelfreunde. Vor allem wollen sie diejenigen nordischen Arten einmal im Brutgebiet erleben, die sie als Durchzügler oder Wintergäste bereits in Mitteleuropa beobachtet haben.

Einen häufigen Brutvogel der Birken- und Nadelwälder im Norden, den **Bergfinken** (Fringilla montifringilla), sollte man kennen. Im Winter tritt er in Mitteleuropa nämlich bisweilen in großen Mengen auf. Er ist etwas kleiner als der **Buchfink** und von diesem an dem Orange im Gefieder und dem weißen Bürzel zu unterscheiden. Als Ruf hat der Bergfink ein gedehntes, etwas gequetschtes „dschäh", das beim Auffliegen auch gereiht wird. Der Gesang ist eine Folge von kratzenden, gequetschten und scheppernden Tönen.

An Seen ist der **Prachttaucher** (Gavia arctica) zu beobachten. Der Vogel kommt – wie alle Seetaucher – nur zum Brüten an Land. Typisch sind weithin hörbare, melodische, wie „waua" klingende Rufe. Von fliegenden Vögeln hört man auch ein „gagag", das an Gänse erinnert. Etwas anders sieht der Sterntaucher (Gavia stellata) aus. Von ihm hört man ein rollendes „ok-ok-ärr" oder ein katzenartiges Miauen, im Flug ebenfalls gänseartige Töne.

Der **Singschwan** (Cygnus cygnus), einer der größten flugfähigen Vögel in der europäischen Vogelwelt, ist sehr ruffreudig (daher der Name!), und sein lautes Trompeten ist nicht zu überhören. An der Stimme und an dem gelben Feld an der Schnabelwurzel ist er gut vom „schweigsamen" **Höckerschwan** (s. Seite 20) zu unterscheiden.

In Heidegebieten, in Mooren und in der Tundra brütet der **Goldregenpfeifer** *(Pluvialis apricaria)*, ein Watvogel mit über und über golden gefleckter Oberseite (Name!). Typisch sind die klagenden, wie „tüüh" oder „tüüi" klingenden Flötenrufe. Im abwechslungsreichen Gesang tauchen diese Rufe auf, ergänzt durch Triller und Schnurrer.

Die Tundra ist auch der Lebensraum der **Blässgans** *(Anser albifrons)*, einer graubraunen Gans mit schwarzer Fleckung am Bauch und einem auffälligen weißen Fleck am Schnabelansatz. Von ihr hört man ein meist zweisilbiges und hohes, rasch schnatterndes „kou-ljau". Im Winter ist die Art scharenweise in Mitteleuropa auf Grünland und Äckern anzutreffen, bisweilen vergesellschaftet mit der Nonnen- oder Weißwangengans *(Branta leucopsis)*. Diese Art läßt im Flug ein wiederholtes bellendes „gnak" hören.

**1** Heiden, Moore und die Tundra sind der Lebensraum des Goldregenpfeifers. Dort hört man seine klagenden Flötenrufe.

**2** An den „Vogelfelsen" im Norden Europas (und im nördlichen Asien und Nordamerika) versammeln sich zur Brutzeit Zigtausende von Vögeln verschiedener Arten, um gemeinsam zu brüten und ihre Jungen aufzuziehen. An diesem Felsen an der Westküste Islands sind Dreizehenmöwen und Trottellummen die beherrschenden Arten.

Ein überwältigendes Erlebnis bietet der Besuch einer großen **Seevogelkolonie** im Norden. An den „Vogelfelsen" sind verschiedene Vogelarten in Zigtausenden von Einzeltieren versammelt. Am häufigsten ist die Dreizehenmöwe *(Rissa tridactyla)* vertreten. Sie nistet im unteren Teil der Felswände und ist sehr ruffreudig; man hört vor allem ein lautes, etwas nasales „kiti-wäk". Zweithäufigste Art der Vogelfelsen ist die Trottellumme *(Uria aalge)*. Von diesem Vogel hört man ein raues und anhaltendes „arrr" und „ärrra" – das man sich nun verzehntausendfacht vorstellen mag! Übrigens nehmen die Altvögel mit ihrem Jungen schon vor dem Schlüpfen über die Stimme Kontakt auf. Später wird auch nur dieses Junge gefüttert – nachdem Jung- und Altvogel sich über die Stimme erkannt und in dem Gewimmel zueinander gefunden haben.

## Exkursionstipps für Fortgeschrittene

- Am Meer sind vielerorts die Gezeiten zu beachten. Lebenswichtig ist dies bei Exkursionen im niederländisch-deutsch-dänischen Wattenmeer; ggf. schließe man sich zunächst einer geführten Wattwanderung an. Zum Bestimmen der beobachteten Vögel ist wegen der großen Entfernungen oft ein Fernrohr notwendig.
- Im Hochgebirge (Alpen) ist vor allem die Entwicklung des Wetters zu beachten; die erprobten Regeln für Bergwanderer haben auch für Vogelfreunde/Ornithologen ihre Bedeutung. Ansonsten notwendig: feste Bergschuhe, geeignete wind- und regendichte Kleidung, Rucksack.
- Bewegt man sich in Skandinavien in Gebieten fernab der Zivilisation, sollte man mit Karte und Kompass umgehen können. Vielfach braucht man Gummistiefel, um etwa Sumpfgebiete und Moore oder Bäche und Flüsse zu überqueren.

## Quiz 5

Unter Nr. 92 hören Sie auf der CD hintereinander fünf verschiedene Stimmen. Können Sie drei der aufgenommenen Arten nennen?

(Lösung auf Seite 46, Nr. 92)

**Mittelmeergebiet**  Der Süden Europas ist eine sehr beliebte Ferienregion, und irgendwann mag es auch den Vogelfreund dorthin ziehen. Naturnahe Gebiete sind aber vielfach der Bewirtschaftung oder dem Tourismus geopfert worden, dennoch weisen Pinienwälder, Macchien, Lagunen, Felsküsten und unbewohnte Inseln interessante Vogelarten auf.

Etwas größer als eine Amsel wird der Wiedehopf *(Upupa epops)*. Der Vogel hat ein orangebraunes Gefieder, Flügel und Schwanz sind schwarz und weiß quergebändert. Seine Haube („Indianerkopfschmuck") stellt er nur auf, wenn er erregt ist. Typisch ist auch die Stimme, ein dumpfes, aber weithin hörbares „pu-pu-pu". In diesem Fall ist es so, dass nicht der deutsche Name, sondern der wissenschaftliche Gattungsname „Upupa" die Stimme wiedergibt.

Der Rosaflamingo ist ein typischer Brutvogel des Mittelmeerraums, seine Spannweite liegt zwischen 1,40 und 1,65 m.

Ein zweiter ungewöhnlicher Vogel, den man im Süden Frankreichs und Spaniens beobachten kann, ist der **Rosaflamingo** *(Phoenicopterus ruber)*. Seine Stimme klingt ähnlich der von Gänsen: Von fliegenden Vögeln hört man ein zweisilbiges „gra-dat". Daneben verfügt die Art noch über einige andere Rufe.

Abschließend sei noch einmal betont, dass Lautäußerungen in keiner Weise nur bei den Singvögeln vorkommen. Auch wenn Arten aus anderen Vogelgruppen oft nur wenige Laute hören lassen, so gibt es doch keine „stummen" Vögel. Dies wird auch bei Exkursionen in unbekannten Regionen deutlich, wo man andere Vogelarten antrifft als in den heimischen Gefilden. Manche Vogelarten können dort auch anders aussehen als im vertrauten Mitteleuropa; sie sind manchmal durch andere Rassen vertreten. Schließlich können manche Arten auch anders singen als zu Hause. Man spricht hier von Dialekten. Ein Beispiel dafür ist der **Zilpzalp** *(Phylloscopus collybita)*, dessen Gesang sich in Spanien von dem eintönigen „zilp, zalp, zalp" der mitteleuropäischen Vögel unterscheidet.

# Andere Tiere – andere Laute

Vögel sind zwar sehr stimmbegabt, sie sind aber durchaus nicht die einzigen Tiere, die Laute hören lassen. Daran sollte man denken, wenn man draußen Laute hört, die man nicht recht einordnen kann. Deren Urheber können durchaus einer anderen Tiergruppe angehören, etwa den Lurchen oder Amphibien, den Säugetieren und den Insekten. Irritationen oder gar Verwechslungen sind daher möglich.

## Konkurrenz in Teich und Unterholz

Die ersten Lurche oder Amphibien kann man bereits im März/April bei der Fortpflanzung beobachten. An Weihern kommen oft große Mengen von Tieren zusammen, um abzulaichen. Die Stimme des Grasfrosches *(Rana temporaria)* kann man sich als ein dumpfes Knurren merken. Die Stimme der Erdkröte *(Bufo bufo)*, ein raues „oäck-oäck", ist demgegenüber leiser und seltener zu hören. Etwas später im Jahr hört man das laute Quaken des durchgehend grün gefärbten Europäischen Laubfrosches *(Hyla arborea)*. Mit Hilfe der ballonartig aufblasbaren Schallblase unter dem Kinn bringt der kleine Frosch drei bis sechs Mal in der Sekunde ein sehr lautes, schnelles, grelles „äpp-äpp" oder „gäck-gäck" hervor. Der Wasser- oder Teichfrosch *(Rana esculenta)* wiederum lässt zur Paarungszeit im Mai ein lautes „ärrr, ärrr, ärrr, oäck, oäck" hören. Beim Quaken stülpen Wasserfrösche die Schallblasen aus je einem Spalt zu beiden Seiten des Kopfes aus. Schöne, dumpfe Stimmen, meist im Chor mit Artgenossen, lassen die Unken hören. Wegen ihrer dunkelgrünen Fleckung mit roten Punkten auf hellem Grund kann man die **Wechselkröte** *(Bufo viridis)* äußerlich kaum mit einem anderen Froschlurch verwechseln. Auch ihre Stimme ist charakteristisch: Das Männchen trillert lang „ürrr-ürrr-ürrr".

93

Über ein gewisses Stimmrepertoire verfügen auch die Säugetiere. So meldet etwa das Eichhörnchen *(Sciurus vulgaris)* mit lautem „tjuk-tjuk-tjuk" und „kru-kru-kru" eine Störung. Weitere Laute kann man mit Keckern, Quieken und Muckern umschreiben. Den Rotfuchs *(Vulpes vulpes)* kann man hin und wieder bellen hören; bekannter ist das Heulen des Wolfes *(Canis lupus)*. Wenn Wildschweine *(Sus scrofa)* den Boden durchwühlen, hört man ein friedliches Grunzen; bei heftigen Auseinandersetzungen kommen quiekende Töne hinzu. Das Reh *(Capreolus capreolus)* wiederum lässt ein lautes Schrecken hören, wenn es beunruhigt ist. Und der akustische Höhepunkt des Waldjahres ist die Brunft des Rothirsches *(Cervus elaphus)*. Die Platzhirsche machen dann ihren Anspruch durch lautes Röhren deutlich.

**1** Beim Quaken stülpt der Wasserfrosch große Schallblasen zu beiden Seiten des Kopfes aus.

**2** Eine kehlständige Schallblase hat die Wechselkröte. Das Trillern dieses Froschlurches mag man mit dem Gesang eines Vogels verwechseln.

**1** Das Heulen der Wölfe mag dem Menschen Angst einflößen, es dient aber in erster Linie der Verständigung mit Artgenossen.

**2** Durch kräftiges Röhren zeigt der Rothirsch an, dass er paarungsbereit ist. Hat er ein Brunftrudel um sich versammelt, signalisiert er damit auch seine Besitzansprüche gegenüber Nebenbuhlern.

Die Töne der Fledermäuse sind besonders zu erwähnen. Um sich in der Dunkelheit zu orientieren und Beute zu machen, bedienen sich die Tiere nämlich der Ultraschallortung. Laute werden mit dem Stimmapparat im Kehlkopf erzeugt und durch den Mund oder die Nase ausgesendet. Gleichzeitig wird das Echo analysiert und zu einem „Hörbild" zusammengesetzt. Wenn wir in diese akustische Welt eindringen wollen, müssen wir spezielle Geräte (Fledermausdetektoren) einsetzen, die die Ultraschalllaute in hörbare Töne umwandeln oder transponieren.

Insekten bleiben viel kleiner als Lurche und Säugetiere, das heißt aber nicht, dass sich einige nicht durchaus lautstark bemerkbar machen. Die Feldgrille *(Gryllus campestris)* beispielsweise hört man auf Wiesen und an Wegrändern zirpen. Dabei reibt sie ihre Vorderflügel gegeneinander. Die Feldheuschrecken dagegen ziehen die Kanten der Vorderflügel über eine Reihe feiner Zähne an den Hinterbeinen. Laubheuschrecken wiederum erzeugen die Töne durch Reiben der Flügel. Eine völlig andere Art der Lauterzeugung liegt bei den Zikaden vor, deren einförmigen Gesang mancher schon am Mittelmeer gehört haben mag. Diese Insekten haben an den Seiten des ersten Hinterleibsringes je eine Membran, die durch Kontraktion eines Muskels ruckartig eingedellt werden kann und bei Erschlaffung des Muskels wieder zurückspringt. Der „Gesang" wird dadurch erzeugt, dass Kontraktionen und Erschlaffungen schnell aufeinander folgen. Und eine letzte Anregung: Achten Sie einmal auf die Fluggeräusche der Bienen und der dicken Hummeln!

Bei ganz unterschiedlichen Tiergruppen kommen also Lautäußerungen vor. Sie werden auf unterschiedliche Weise erzeugt, und entsprechend vielfältig sind sie. Vögel verfügen über ein Stimmorgan, das nicht im Kehlkopf, sondern tiefer in der Brust liegt, wo die Luftröhre in die zu den beiden Lungenflügeln führenden Bronchien übergeht. Daneben erzeugen sie aber auch Laute mit dem Schnabel, den Flügeln oder bestimmten Federn. Bei den Lurchen oder Amphibien gibt es einen Stimmapparat im Kehlkopf, der oft zusammen mit Schallblasen an der Kehle oder den Kopfseiten zur Lauterzeugung eingesetzt wird. Die Säugetiere verfügen ebenfalls über einen Stimmapparat im Kehlkopf. Bei ihnen kommen aber auch Laute vor, die auf andere Weise erzeugt werden. Insekten haben verschiedene Mechanismen entwickelt, um Laute zu erzeugen. Insgesamt ist zu bemerken, dass es auch Laute gibt, die außerhalb des Hörbereichs des Menschen liegen.

# Tonaufnahmen selber machen

**Mancher mag, wenn er draußen die Stimmen von Vögeln und anderen Tieren hört, den Wunsch verspüren, davon selbst Tonaufnahmen zu machen. Das ist eigentlich nicht schwierig, setzt allerdings entsprechende Geräte, eine gute Einschätzung der Aufnahmebedingungen und ein paar biologische Kenntnisse voraus.**

## Die Technik muss stimmen

Den vielleicht vorhandenen Kassettenrekorder kann man durchaus dazu benutzen, draußen auf die „Jagd nach Tierstimmen" zu gehen. Voraussetzung ist natürlich, dass der Rekorder mit Batterien oder Akkus zu betreiben ist. Wer höhere und höchste Ansprüche stellt, kommt heute um die Anschaffung eines netzunabhängigen digitalen Aufzeichnungsgerätes nicht herum.

Weiter muss ein Mikrofon vorhanden sein. Zunächst mag man sich mit einem relativ einfachen Mikrofon zufrieden geben, aber wenn die Ansprüche wachsen, wird man es durch ein hochwertiges ersetzen wollen. Dann wird man sich auch einen Parabolreflektor anschaffen, der die Laute bündelt. Das Mikrofon sitzt im Brennpunkt des Reflektors und muss auf ihn abgestimmt sein. Parabolreflektoren haben Durchmesser von rund 60 cm. Es gibt starre Ausführungen, aber auch solche aus Kunststoff. Letztere kann man zusammenrollen und so recht gut verpacken. Dies wäre für denjenigen wichtig, der auch einmal in ferne Länder reisen will, um die dortige Tierwelt kennen zu lernen und deren Stimmen aufzuzeichnen.

Wenn es das Aufnahmegerät zulässt, sollte man sich die Aufnahme parallel per Kopfhörer anhören. Erst dann hört man genau, was in welcher Weise aufgezeichnet wird.

Mit zwei Problemen wird der „Tierstimmen-Jäger" ständig zu kämpfen haben: mit dem Wind und mit Nebengeräuschen. Fängt sich der Wind im Mikrofon, werden die Stimmen der Vögel durch ein Rauschen oder Knattern überlagert. Ein guter Windschutz für das Mikrofon ist also notwendig. Aber selbst mit einem gut gegen den Wind geschützten Mikrofon sollte man versuchen, an Stellen bzw. zu Zeiten Aufnahmen zu machen, wo es nicht sehr windig oder wo es ganz windstill ist. Neben- und Hintergrundgeräuschen ist man oft machtlos ausgeliefert. Im dicht besiedelten Mitteleuropa ist damit in erster Linie der durch Autos und Flugzeuge verursachte Verkehrslärm gemeint. Störende Geräusche können aber auch von Fabrikanlagen und Kraftwerken, vom Schiffsverkehr und von Haustieren und sogar Spaziergängern ausgehen. Oft nimmt man sie erst wahr, wenn man wirklich genau hinhört bzw. Tonaufnahmen machen will.

Nonnen- oder Weißwangengänse brüten im hohen Norden (Grönland, Spitzbergen, Nowaja Semlja) und überwintern in Mitteleuropa. Wer eine Tonaufnahme so eines auffliegenden Trupps machen kann, dem ist zu wünschen, dass nicht starker Wind das Geschnatter der vielen Vögel überdeckt.

Eine gewisse Abhilfe schaffen Mikrofone, die nur einen kleinen Sektor aufnehmen (Richtmikrofone) bzw. der Parabolreflektor. Darüber hinaus wird man in erster Linie wieder an Stellen bzw. zu Zeiten Aufnahmen machen, wo kaum Neben- und Hintergrundgeräusche zu hören sind: weitab von Autobahnen, Straßen, Einflugschneisen, Kanälen, Industriegebieten – und am frühen Sonntagmorgen.

Um brauchbare Tonaufnahmen zu machen, muss man meist einigermaßen nah an die Tiere herankommen. Hier ist Umsicht geboten, denn keine noch so gute Aufnahme rechtfertigt es, ein Tier unnötig zu stören. Man sollte also in jedem Fall weniger seine Technik als vielmehr das „Objekt der Begierde" im Auge haben. Zudem wird man weniger seinen Gesang als vielmehr seine Warnrufe hören, wenn man einen Vogel beunruhigt.

Hilfreich ist immer, sich Notizen zu machen. Dabei sollte man nicht nur notieren, was man aufgenommen hat, sondern auch wann, wo und ggf. wie man die entsprechende Stimme aufgezeichnet hat.

Die normal gesetzten Zahlen geben an, auf welchen Seiten die Art erwähnt und/oder abgebildet ist.
Die in Kästchen stehenden Zahlen geben die Position auf der CD an.

BERGMANN, H.-H. & H.-W. HELB (1982): Stimmen der Vögel Europas. BLV Verlagsgesellschaft, München.

BEZZEL, E. (2002): Vögel beobachten. BLV Verlagsgesellschaft, München.

BEZZEL, E. (1995): BLV-Handbuch Vögel. BLV Verlagsgesellschaft, München.

GNOTH-AUSTEN, F. & R. SPECHT (1995): Jasmund, Vorpommersche Boddenlandschaft (Deutsche Nationalparke). VEBU-Verlag, Werl.

HAGGE, H. & F. LIEDL (1996): Ostsee-Nationalparks – Fischland, Darß, Zingst, Hiddensee, Rügen. Ellert & Richter Verlag, Hamburg.

HEINZEL, H., R. FITTER u. J. PARSLOW (1996): Pareys Vogelbuch. Verlag Paul Parey, Hamburg/Berlin.

JOHNSON, L. (1999): Die Vögel Europas. Franckh-Kosmos, Stuttgart.

LOHMANN, M. & K. HAARMANN (1989): Vogelparadiese, Band 1: Norddeutschland und Berlin. Verlag Paul Parey, Hamburg/Berlin.

LOHMANN, M. & K. HAARMANN (1989): Vogelparadiese, Band 2: Süddeutschland. Verlag Paul Parey, Hamburg/Berlin.

LOHMANN, M. & E. RUTSCHKE (1991): Vogelparadiese, Band 3: Ost- und Mitteldeutschland. Verlag Paul Parey, Hamburg/Berlin.

NATIONALPARKAMT MECKLENBURG-VORPOMMERN (1992): National- & Naturparkführer Mecklenburg-Vorpommern. Demmler-Verlag, Schwerin.

PETERSON, R., G. MOUNTFORT u. P. A. D. HOLLOM (2002): Die Vögel Europas. Verlag Paul Parey, Hamburg/Berlin.

PHILIPP, K. (1994): Vogelstimmen nach Volksmundversen erkannt. Fauna-Verlag, Karlsfeld.

POTT, E. (2000): Vögel. Franckh-Kosmos, Stuttgart.

POTT, E. & W. Küpker (1995): Reiseführer Natur – Südliches Skandinavien. BLV Verlagsgesellschaft, München.

POTT, E. & W. Küpker (1999): Der große BLV Naturführer Nordsee und Ostsee. BLV Verlagsgesellschaft, München.

ROCHÉ, J. C.: Die Vogelstimmen Europas auf 4 CDs. Franckh-Kosmos, Stuttgart.

RÜEGG, P., M. SACCHI & J. LAESSER (1998): Vögel beobachten in der Schweiz. Ott Verlag, Thun.

SCHILDMACHER, H. (1982): Einführung in die Ornithologie. Gustav Fischer Verlag, Stuttgart.

SINGER, D. (2002): Welcher Vogel ist das? Franckh-Kosmos, Stuttgart.

SPECHT, R. (2001): Unsere Vogelwelt im Jahreslauf. Franckh-Kosmos, Stuttgart.

SVENSSON, L., P. J. GRANT, K. MULLERNEY & D. ZETTERSTRÖM (1999): Der neue Kosmos-Vogelführer. Franckh-Kosmos, Stuttgart.

THIELCKE, G. (1970): Vogelstimmen. Springer-Verlag, Berlin.

VOIGT, A. (1961): Exkursionsbuch zum Studium der Vogelstimmen. Verlag Quelle & Meyer, Heidelberg.

WITT, R. (1993): Vogelbeobachtung durch das Jahr. Mosaik Verlag, München.

# Die Stimmen der Vögel auf CD und Auflösungen der Quizfragen

1 Vogelkonzert in einem mitteleuropäischen Park/Wald (Mai)
2 Kohlmeise (*Parus major*)
3 Amsel (*Turdus merula*)
4 Singdrossel (*Turdus philomelos*)
5 Misteldrossel (*Turdus viscivorus*)
6 Buntspecht (*Dendrocopos major*)
7 Kleinspecht (*Dendrocopos minor*)
8 Mittelspecht (*Dendrocopos medius*)
9 Grünspecht (*Picus viridis*)
10 Grauspecht (*Picus canus*)

11 Zilpzalp (*Phylloscopus collybita*)
12 Fitis (*Phylloscopus trochilus*)
13 Waldlaubsänger (*Phylloscopus sibilatrix*)
14 Nachtigall (*Luscinia megarhynchos*)
15 Sprosser (*Luscinia luscinia*)

16 **Quiz 1 (S. 12): 1. Singdrossel, 2. Fitis**

17 Stieglitz (*Carduelis carduelis*)
18 Kuckuck (*Cuculus canorus*)
19 Uhu (*Bubo bubo*)
20 Große Rohrdommel (*Botaurus stellaris*)

21 Pirol (*Oriolus oriolus*)
22 Goldammer (*Emberiza citrinella*)
23 Buchfink (*Fringilla coelebs*)
24 Wachtel (*Coturnix coturnix*)
25 Hausrotschwanz (*Phoenicurus ochruros*)
26 Girlitz (*Serinus serinus*)
27 Elster (*Pica pica*)
28 Gelbspötter (*Hippolais icterina*)
29 Sumpfrohrsänger (*Acrocephalus palustris*)
30 Eichelhäher (*Garrulus glandarius*)

31 Star (*Sturnus vulgaris*)
32 Weißstorch (*Ciconia ciconia*)
33 Buntspecht (*Dendrocopos major*), trommelnd
34 Grauspecht (*Picus canus*), trommelnd
35 Waldohreule (*Asio otus*)
36 Bekassine (*Gallinago gallinago*)
37 Kiebitz (*Vanellus vanellus*)
38 Höckerschwan (*Cygnus olor*)
39 Blässhuhn (*Fulica atra*)

40 **Quiz 2 (S. 19): 1. Stieglitz, 2. Pirol, 3. Weißstorch**

41 Waldkauz (*Strix aluco*)
42 Zaunkönig (*Troglodytes troglodytes*)
43 Heckenbraunelle (*Prunella modularis*)
44 Birkhuhn (*Tetrao tetrix*)

45 **Quiz 3 (S. 25): 1. Zaunkönig, 2. Birkhuhn**

46 Haustaube (*Columba livia f. domestica*)
47 Ringeltaube (*Columba palumbus*)
48 Mauersegler (*Apus apus*)

49 Mehlschwalbe (*Delichon urbica*)
50 Haussperling (*Passer domesticus*)

51 Rotkehlchen (*Erithacus rubecula*)
52 Mönchsgrasmücke (*Sylvia atricapilla*)
53 Kleiber (*Sitta europaea*)
54 Baumpieper (*Anthus trivialis*)
55 Mäusebussard (*Buteo buteo*)
56 Fasan (*Phasianus colchicus*)
57 Feldlerche (*Alauda arvensis*)
58 Bluthänfling (*Carduelis cannabina*)
59 Saatkrähe (*Corvus frugilegus*)
60 Kranich (*Grus grus*)

61 Uferschnepfe (*Limosa limosa*)
62 Großer Brachvogel (*Numenius arquata*)
63 Zwergtaucher (*Tachybaptus ruficollis*)
64 Graureiher (*Ardea cinerea*)
65 Graugans (*Anser anser*)
66 Stockente (*Anas platyrhynchos*)
67 Knäkente (*Anas querquedula*)
68 Teichhuhn (*Gallinula chloropus*)
69 Lachmöwe (*Larus ridibundus*)
70 Rohrschwirl (*Locustella luscinioides*)

71 **Quiz 4 (S. 34): 1. Goldammer, 2. Graureiher**

72 Austernfischer (*Haematopus ostralegus*)
73 Säbelschnäbler (*Recurvirostra avosetta*)
74 Sandregenpfeifer (*Charadrius hiaticula*)
75 Rotschenkel (*Tringa totanus*)
76 Silbermöwe (*Larus argentatus*)
77 Sturmmöwe (*Larus canus*)
78 Küstenseeschwalbe (*Sterna paradisaea*)
79 Tannenhäher (*Nucifraga caryocatactes*)
80 Ringdrossel (*Turdus torquatus*)

81 Bergpieper (*Anthus spinoletta*)
82 Alpendohle (*Pyrrhocorax graculus*)
83 Kolkrabe (*Corvus corax*)
84 Bergfink (*Fringilla montifringilla*)
85 Prachttaucher (*Gavia arctica*)
86 Singschwan (*Cygnus cygnus*)
87 Goldregenpfeifer (*Pluvialis apricaria*)
88 Blässgans (*Anser albifrons*)
89 Vogelfelsen im Nordatlantik, mit Dreizehenmöwe (*Rissa tridactyla*) und Trottellumme (*Uria aalge*)
90 Rosaflamingo (*Phoenicopterus ruber*)

91 Zilpzalp (*Phylloscopus collybita*), spanische Rasse

92 **Quiz 5 (S. 41): 1. Austernfischer, 2. Tannenhäher, 3. Singschwan, 4. Silbermöwe, 5. Rotschenkel**

93 Wechselkröte (*Bufo viridis*)